# Découvrez l'histoire par les archives de presse

## RETRONEWS

Le site de presse de la BnF

www.retronews.fr

# CATALOGUE

### DES

# BREVETS D'INVENTION.

# CATALOGUE

# DES · BREVETS

## D'INVENTION

### PRIS

DU 1er JANVIER AU 31 DÉCEMBRE 1848,

**dressé**

*par ordre du Ministre de l'Agriculture*

ET DU COMMERCE.

---

## Paris,

IMPRIMERIE ET LIBRAIRIE DE M^me V^e BOUCHARD-HUZARD,

RUE DE L'ÉPERON, 5.

1849

# CATALOGUE

## DES BREVETS

### D'INVENTION

PRIS DU 1ᵉʳ JANVIER AU 31 DÉCEMBRE 1848.

# A

**ABAT-JOUR.**

(7066. 5 avril 1848.) Perfectionnements dans la fabrication des carcasses d'abat-jour.

B. de 15 ans, pris le 17 janvier 1848, par *Manc*, à Paris, rue Neuve-Saint-Denis, n. 36.

**AÉROSTAT.**

(7350. 17 août 1848.) Système de direction aérienne ou de locomotion, mis en pratique au moyen de *la locomotive aérostatique Petin*, à double point d'appui stable, ou de tous autres moyens mécaniques ou physiques, afin de servir au transport des hommes et des marchandises.

B. de 15 ans, pris le 13 mai 1848, par *Petin*, à Paris, rue de la République, n. 34.

**AGRAFE.**

(7115. 13 mai 1848.) Agrafe dite *à conducteur*.

B. de 15 ans, pris le 1ᵉʳ février 1848, par *Labat*, à Paris, rue Lafayette, n. 28.

(7563. 18 novembre 1848.) Systèmes d'agrafes pour gants, etc.

B. de 15 ans, pris le 16 septembre 1848, par *Seiler*, joaillier, à Paris, rue de Trévise, n. 42.

(7667. 30 décembre 1848.) Agrafes de gants.

B. de 15 ans, pris le 10 novembre 1848, par *Bertrand* et *Yver*, négociants, à Paris, rue Louis-le-Grand.

Perfectionnements apportés aux agrafes.

Certif. d'add. pris le 17 mars 1848, par *Daudé*, à Paris, rue des Arcis, n. 22.
(B. du 3 mars 1846, n. 3077.)

Attache dite *l'invisible*, propre à divers usages.

Certif. d'add. pris le 20 janvier 1848, par *Hachin*, à Paris, rue de la Rotonde, n. 10.
(B. du 9 juin 1847, n. 5753.)

**AGRICULTURE.**

(7273. 12 juillet 1848.) Herse-râteau.

B. de 15 ans, pris le 14 mars 1848, par *Lestournière*, à Pithiviers (Loiret).

(7737. 24 janvier 1849.) Appareil *géomagnétifère* et son application à l'agriculture.

B. de 15 ans, pris le 6 décembre 1848, par *Beckensteiner*, pelletier, rue Saint-Pierre, n. 10, à Lyon (Rhône).

(7757. 24 janvier 1849.) Appareil mécanique portatif particulièrement applicable à l'agriculture.

B. de 15 ans, pris le 6 décembre 1848, par *Lioret*, négociant, à Paris, boulevard Saint-Martin, n. 17.

Machine propre à défricher, défoncer et labourer la terre, à l'aide de pioches mues par la vapeur.

Certif. d'add. pris le 5 octobre 1848, par *Barrat*, médecin, à Paris, rue de Castiglione, n. 12.
(B. du 12 juin 1847, n. 5789.)

Instrument d'agriculture dit *brindilleur*.

Certif. d'add. pris le 10 juillet 1848, par *Charuel*, à Bar-sur-Ornain (Meuse).
(B. du 16 décembre 1847, n. 6818.)

(7080. 8 avril 1848.) Système de machine propre à la fabrication des aiguilles.

B. de 15 ans, pris le 17 février 1848, par *Vion*, à Paris, rue Sainte-Anne, n. 9.

**AIR** (compression de l').

(7091. 13 mai 1848.) Application de la dilatation des gaz à la compression de l'air.

B. de 15 ans, pris le 27 avril 1847, par *du Boucheron*, à Paris, rue Mogador, n. 4.
Add. du 1er juillet 1847.

**ALCOOL.**

(7010. 29 mars 1848.) Appareil propre à la rectification des alcools.

B. de 15 ans, pris le 12 janvier 1848, par *Bartenbach*, orfévre, à Paris, rue Saint-Denis, n. 281.

**ALCOOMÈTRE.**

(7596. 16 décembre 1848.) Système d'alcoomètre propre à faire connaître la richesse des spiritueux et des liquides en général.

B. de 15 ans, pris le 30 septembre 1848, par la demoiselle *Vidal*, à Paris, rue Neuve-Saint-Roch, n. 23.

**ALLIAGE.**

(7723. 16 janvier 1849.) Emploi d'une matière provenant des résidus de la galvanisation, composée d'une grande partie de fer et de zinc, et destinée à remplacer le cuivre et la fonte dans plusieurs circonstances.

B. de 15 ans, pris le 21 novembre 1848, par *Maurel*, lieutenant de vaisseau, à Brest, représenté par *Peynet-Fontenelle*, à Quimper (Finistère).

**APPRÊT.**

(7056. 5 avril 1848.) Machine à mouiller pour l'apprêt des étoffes de soie.

B. de 15 ans, pris le 25 janvier 1848, par *Guillerme*, rue des Capucins, n. 25, à Lyon (Rhône).

(7593. 16 décembre 1848.) Apprêts d'étoffes teintes.

B. de 10 ans, pris le 10 octobre 1848, par *Polier*, teinturier, à Troyes (Aube).

Machine apprêteuse d'étoffes, etc.

Certif. d'add. pris le 15 décembre 1848, par *Armengaud*, à Paris, rue Saint-Sébastien, n. 19.
(B du 13 mars 1845, n. 1038.)

**ARCHITECTURE.**

(7352. 17 août 1848.) Système d'architecture.

B. de 15 ans, pris le 29 mai 1848, par *Robertson*, représenté par *Truffaut*, à Paris, rue Favart, n. 8.

**ARGENTURE, *v*. DORURE.**

**ARME A FEU.**

(7087. 13 mai 1848.) Perfectionnements aux armes à feu dites *du système Béringer*.

B. de 15 ans, pris le 3 février 1848, par *Béringer*, armurier, à Paris, rue du Coq-Saint-Honoré, n. 6.
Add. du 9 mars 1848.

(7279. 12 juillet 1848.) Système d'armes à feu consistant dans la simplification de la platine et de l'amorçoir, applicable aux armes de guerre et autres.

B. de 15 ans, pris le 11 mars 1848, par *Pidault*, arquebusier, à Paris, rue Blanche, n. 87.

(7424. 2 septembre 1848.) Transformation des fusils à silex en fusils à percussion.

B. de 10 ans, pris le 15 juillet 1848, par *Pilot* et *Mascarel*, rue aux Ours, n. 18, à Rouen (Seine-Inférieure).

(7425. 2 septembre 1848.) Genre de fusil.

B. de 15 ans, pris le 21 juillet 1848, par *de Poncharra*, à Paris, rue de Grenelle-Saint-Germain, n. 89.
Add. du 15 septembre 1848.

(7546. 18 novembre 1848.) Mousquet à grenade.

B. de 15 ans, pris le 23 septembre 1848, par *Godeau*, négociant, à Paris, boulevard du Temple, n. 26.

(7620. 20 décembre 1848.) Système d'armes à feu et de cartouches appropriées.

B. de 15 ans, pris le 25 octobre 1848, par *Palmer*, de New-York, élisant domicile chez *Perpigna*, à Paris, rue Neuve-Saint-Augustin, n. 10.

(7659. 21 décembre 1848.) Amélioration dans le chien d'un fusil à percussion.

B. de 15 ans, pris le 8 novembre 1848, par *Régis*, négociant, rue Coutances, à Nantes (Loire-Inférieure).

(7819. 7 février 1849.) Perfectionnements aux armes à feu.

B. de 15 ans, pris le 21 décembre 1848, par *le Roy* et *Mathieu*, mécaniciens, à Paris, rue des Poitevins, n. 7.

Pistolets se chargeant par la culasse.

Certif. d'add. pris le 2 février 1848, par *Lefaucheux*, chez *Armengaud* aîné, à Paris, rue Saint-Sébastien, n. 19.
(B. du 2 mai 1845, n. 1371.)

Perfectionnements aux armes à feu.

Certif. d'add. pris le 22 avril 1848, par *Matley*, à Paris, rue de Lancry, n. 33 *bis*.
(B. du 24 avril 1847, n. 5524.)

Dispositions applicables aux armes à feu et aux cartouches.

Certif. d'add. pris le 16 décembre 1848, par *Chaudun*, arquebusier, à Paris, rue du Faubourg-Montmartre, n. 4.
(B. du 9 décembre 1847, n. 6819.)

**ARME BLANCHE.**

(7442. 9 septembre 1848.) Système de fermeture ou d'adhérence, facultative à l'homme, des lames d'armes blanches à leurs fourreaux.

B. de 15 ans, pris le 1er août 1848, par *Gautier*, fabricant de taillanderie, à Paris, rue Barre-du-Bec, n. 10 et 12.

(7542. 18 novembre 1848.) Genre de sabre dit *défenseur*.

B. de 15 ans, pris le 18 septembre 1848, par *Eveillard*, arquebusier, route de Pantin, n. 3, à Belleville (Seine).

(7556. 18 novembre 1848.) Hache d'abordage.

B. de 15 ans, pris le 25 septembre 1848, par *Massé*, ajusteur-mécanicien, à Paris, rue de la Roquette, n. 41.

**ASPIRATEUR.**

(7767. 24 janvier 1849.) Système de machine dite *aspirateur*, propre à faire le vide.

B. de 15 ans, pris le 12 décembre 1848, par *Turck*, médecin, à Paris, rue des Marais-Saint-Germain, n. 18.

**ASTRONOMIE.**

(7645. 21 décembre 1848.) Appareil uranographique destiné à l'étude élémentaire de l'astronomie.

B. de 15 ans, pris le 8 novembre 1848, par *Guénal*, rue Pari, n. 13, à Nantes (Loire-Inférieure).

**ATTACHE, *v.* AGRAFE.**

**AUTOMATE.**

(7043. 29 mars 1848.) Poupée automate, mécanique à l'intérieur du corps.

B. de 15 ans, pris le 10 janvier 1848, par *Théroude*, mécanicien, à Paris, rue Montmorency, n. 14.

# B

**BAIGNOIRE.**

Système de baignoires et chaudières à lessives.

Certif. d'add. pris le 27 novembre 1848, par *Rodier*, chaudronnier, à Paris, rue du Vieux-Marché-Saint-Martin, n. 5. (B. du 18 avril 1846, n. 3352.)

**BALANCE, *v.* PESAGE.**

**BANDAGE.**

(7477. 7 octobre 1848.) Bandage herniaire.

B. de 15 ans, pris le 16 août 1848, par *Laroche* et comp., à Paris, rue des Couronnes, n. 4 *ter*.

(7619. 20 décembre 1848.) Genre de bandage herniaire.

B. de 15 ans, pris le 16 octobre 1848, par *Pailliot*, bandagiste, à Paris, rue Coquenard, n. 20.

**BATEAU.**

(7052. 5 avril 1848.) Système de bateaux à vapeur à harpins.

B. de 15 ans, pris le 19 janvier 1848, par *Gauthier* frères et *Grosrenaud*, quai Sainte-Marie-des-Chaînes, n. 28, à Lyon (Rhône).

(7339. 17 août 1848.) Procédé destiné à remplacer les roues des bateaux à vapeur.

B. de 15 ans, pris le 15 mai 1848, par *Gâche*, constructeur, rue des Vertais, à Nantes (Loire-Inférieure).

(7411. 2 septembre 1848.) Bateau sans courbes.

B. de 15 ans, pris le 15 juillet 1848, par *Guillot*, rue du Canal, à Saint-Jean-de-Losne (Côte-d'Or).

(7783. 30 janvier 1849.) Disposition de bateau à vapeur particulièrement applicable à la navigation sur les canaux et sur les rivières étroites.

B. de 15 ans, pris le 21 décembre 1848, par *Gâche* frères, à Paris, rue des Terres-Fortes, n. 9.

**BAYONNETTE** (poignée de).

(7406. 2 septembre 1848.) Poignée s'adaptant à toutes les bayonnettes ordinaires.

B. de 15 ans, pris le 11 juillet 1848, par *Dupuis* et *Louis*, à Paris, rue de Rohan, n. 8.

**BEC DE LAMPE.**

(7590. 16 décembre 1848.) Bec de lampe dit *bec sidéral*, pour la combustion des huiles essentielles de toute espèce, soit végétales, soit minéra-les, etc., notamment pour la combustion du liquide dit *eau électrogalvanique*.

B. de 15 ans, pris le 11 octobre 1848, par *Neuburger*, fabricant de lampes, à Paris, rue Vivienne, n. 4.

**BIBERON.**

(7114. 13 mai 1848.) Système de biberon dit *biberon-Jamet*.

B. de 15 ans, pris le 25 janvier 1848, par *Jamet*, instituteur, chaussée Ménil-montant, n. 36, à Belleville (Seine).

(7385. 18 août 1848.) Bouchon à air appliqué aux biberons.

B. de 15 ans, pris le 20 juin 1848, par la demoiselle *Piquart*, à Paris, rue Poissonnière, n. 15.

**BIJOUTERIE.**

Système d'enchâssement de baguettes ou tubes en émail, pierre ou verre sur or, argent, etc., pour bijoux.

Certif. d'add. pris le 22 novembre 1848, par *Lonzième* et *Virlez*, fabricants de bijoux, à Paris, rue des Gravilliers, n. 18. (B. du 7 octobre 1847, n. 6189.)

**BILLARD.**

(7060. 5 avril 1848.) Perfectionnements apportés aux billards.

B. de 15 ans, pris le 18 janvier 1848, par *Josse*, entrepreneur de serrurerie, à Paris, rue de la Fidélité, n. 17.

(7086. 13 mai 1848.) Perfectionnement de bandes élastiques pour billards.

B. de 15 ans, pris le 28 janvier 1848, par *Barral*, fabricant de billards, à Lyon, place des Célestins, n. 8 (Rhône).

(7531. 18 novembre 1848.) Mécanisme dit *système Baleich*, servant à fermer et à ouvrir les blouses d'un billard.

B. de 5 ans, pris le 23 septembre 1848, par *Baleich-Ravel*, fabricant de billards, rue Neuve, n. 27, à Lille (Nord).

Genre de billard.

Certif. d'add. pris le 20 janvier 1848, par *Sollier*, fabricant de billards, rue des Célestins, n. 6, à Lyon (Rhône).
( B. du 26 février 1847, n. 5132.)

Bandes métalliques de billard, élastiques, construites en fil de fer, en spirales.

Certif. d'add. pris le 28 août 1848, par *Daud*, billardier, à Paris, boulevard du Temple, n. 24.
(B. du 7 septembre 1847, n. 6267.)
Deux autres add. des 20 octobre et 30 novembre 1848.

**BITUME.**

(7638. 21 décembre 1848.) Application de l'asphalte au pinceau.

B. de 15 ans, pris le 30 octobre 1848, par *Desvarannes* et comp., à Paris, boulevard Poissonnière, n. 23.

Distillation continue des schistes bitumineux et matières bitumineuses et essentielles.

Certif. d'add. pris le 9 octobre 1848, par *Martin*, architecte, rue Saint-Antoine, n. 2, à Besançon (Doubs).
(B. du 10 octobre 1847, n. 6487.)

**BLAGUE.**

(7024. 29 mars 1848.) Sac à tabac dit *sac à tabac alsacien*.

B. de 15 ans, pris le 14 janvier 1848, par *Erckmann*, fabricant de pipes, Grande Rue, n. 34, à Strasbourg (Bas-Rhin).

(7149. 13 mai 1848.) Genre de sachet-blague.

B. de 15 ans, pris le 29 janvier 1848, par *Veron*, sellier, à Paris, rue Saint-Martin, n. 116.

(7778. 30 janvier 1849.) Nécessaire du fumeur ou *blague-
porte-pipe.*

B. de 15 ans, pris le 18 décembre 1848,
par *Delhomme*, à Paris, rue d'Enfer,
n. 47.

**BLANCHIMENT ET BLANCHISSAGE,**
*v.* COULEUR, TEINTURE.

(7064. 5 avril 1848.) Appareil propre au blanchissage du
linge.

B. de 15 ans, pris le 24 janvier 1848,
par *Lançon*, à Paris, rue de l'Abbaye,
n. 3.

(7100. 13 mai 1848.) Système
de blanchiment du coton en
laine, coton filé, etc.

B. de 15 ans, pris le 27 janvier 1848,
par *David*, mécanicien, à Paris, rue
Croix-des-Petits-Champs, n. 19.

(7183. 2 juin 1848.) Perfectionnements dans les moyens
de nettoyer, lessiver et blanchir les étoffes textiles ainsi que
les substances dont ces étoffes
se composent.

B. de 15 ans, pris le 7 février 1848,
par *Sandeman*, représenté par *Joanni*,
à Paris, rue Saint-Martin, n. 82.

(7784. 30 janvier 1849.) Appareil à lessive.

B. de 15 ans, pris le 15 décembre
1848, par *Gay*, chaudronnier, et la veuve
*Decoudun*, à Paris, rue Pierre-Levée,
n. 6 et 8.

**BLÉ,** *v.* GRAIN.

**BOIS.**

(7046. 5 avril 1848.) Procédés propres à la conservation
des bois en général, et en par-
ticulier des traverses des chemins de fer.

B. de 15 ans, pris le 22 janvier 1848,
par *Boutigny* et *Hutin*, à Paris, rue
Chabrol, n. 40.

(7118. 13 mai 1848.) Procédés de dessiccation des bois.

B. de 15 ans, pris le 25 janvier 1848,
par *Lecour*, métallurgiste, à Paris, rue
du Petit-Bourbon, n. 8.

( 7160. 2 juin 1848. ) Machine locomobile destinée à
trancher les bois en placage
pour l'ébénisterie, la brosserie, etc.

B. de 15 ans, pris le 7 février 1848,
par *Derne* et *Yard*, à Saint-Amand-Tal-
lende (Puy-de-Dôme).

(7475. 7 octobre 1848.) Transformation des bois en bois métalliques.

B. de 15 ans, pris le 11 août 1848, par *Hoéné-Wronski*, à Paris, rue de Paradis-Poissonnière, n. 32.

(7463. 7 octobre 1848.) Machine à fabriquer ou façonner les bois de fusils, les sabots et autres objets en bois.

B. de 15 ans, pris le 25 août 1848, par *de Barros*, à Paris, rue Grange-Batelière, n. 21.
Add. du 1er décembre 1848.

**BOISSON,** *v.* **LIQUIDE GAZEUX, VIN.**

(7227. 3 juillet 1848.) Appareil dit *intermittent*, propre à opérer le mélange de l'eau et de l'absinthe.

B. de 15 ans, pris le 6 mars 1848, par *Boujard*, chez *Moulin* frères, à Paris, cité d'Orléans, n. 1.

Composition d'une boisson gazeuse.

Certif. d'add. pris le 5 octobre 1848, par *Lecocq*, commissionnaire en librairie, à Paris, rue Notre-Dame-de-Nazareth, n. 16.
(B. du 7 octobre 1847, n. 6476.)

**BOITE.**

(7697. 30 décembre 1848.) 1° Perfectionnements s'appliquant aux instruments servant à indiquer les heures, aux boîtes, aux cartes d'exposition, aux appareils de montres pour allumettes, plumes, épingles, aiguilles et autres articles; 2° modes de réaliser l'exécution desdits perfectionnements.

B. pris le 15 novembre 1848, par *Southwood-Stocker*, représenté par *Perpigna*, à Paris, rue Neuve-Saint-Augustin, n. 10.
(Patente anglaise de 14 ans, expirant le 4 mai 1862.)

**BOITE DE ROUE.**

(7172. 2 juin 1848.) Machine propre à fabriquer des boîtes d'essieux de toutes dimensions.

B. de 15 ans, pris le 12 février 1848, par *Morel*, à Sellières (Jura).

**BONNETERIE.**

(6993. 13 mars 1848.) Coupe de bas.

B. de 15 ans, pris le 6 janvier 1848, par *Laurence*, manufacturier, à Orléans (Loiret).

(7340. 17 août 1848.) Mécanique à faire des aiguilles pour la bonneterie et les tulles.

B. de 15 ans, pris le 22 mai 1848, par *Grévet*, rue du Marais, n. 24, faubourg Saint-Pierre, à Amiens (Somme).

(7360. 18 août 1848.) Machine tondeuse pour bas, bonnets et chaussons de laine.

B. de 15 ans, pris le 2 juin 1848, par *Ardin*, place de l'Homme-de-Fer, n. 33, à Strasbourg (Bas-Rhin).

**BOUCHAGE ET BOUCHON.**

(7113. 13 mai 1848.) Système de fabrication de bouchons de liége.

B. de 15 ans, pris le 29 janvier 1848, par *Hope* et *de Thierry des Estivaux*, élisant domicile chez *Armengaud* jeune, à Paris, rue des Filles-du-Calvaire, n. 6.

(7123. 13 mai 1848.) Machine propre à boucher les bouteilles, dite *système Maurice*.

B. de 15 ans, pris le 31 janvier 1848, par *Maurice*, serrurier-mécanicien, à Epernay, rue du Collége, n. 8 (Marne).

(7206. 30 juin 1848.) Capsules en métal dites *bouchons hydrauliques*, propres au bouchage des bouteilles et flacons.

B. de 15 ans, pris le 18 février 1848, par *Martin de Lignac*, chez *Charles Roux*, à Paris, rue de la Paix, n. 20.

(7439. 9 septembre 1848.) Bouchage en liége, verre, terre cuite, faïence ou porcelaine, recouvert en métal ou consolidé par d'autres matières.

B. de 15 ans, pris le 2 août 1848, par *Fau*, quai des Chartrons, n. 22, à Bordeaux (Gironde).

(7603. 20 décembre 1848.) Système de bouchage conservateur.

B. de 15 ans, pris le 21 octobre 1848, par *Gaulier*, à Paris, rue Dauphine, n. 27.

(7650. 21 décembre 1848.) Système de bouchage hélicoïde pour bouteilles et vases à liquides gazeux.

B. de 15 ans, pris le 30 octobre 1848, par *Mathelat*, fabricant d'eaux minérales, à Paris, rue du Faubourg-Saint-Honoré, n. 178.

(7708. 16 janvier 1849.) Procédé de bouchage des flacons de conserves alimentaires dit *bouchage autogène*.

B. de 15 ans, pris le 20 novembre 1848, par *Chappaz*, négociant, route de Toulouse, n. 22, à Bordeaux (Gironde).

(**7786. 30 janvier 1849.**) Broche à enfoncer les bouchons dans les bouteilles.

B. de 15 ans, pris le 23 décembre 1848, par *Jacquesson*, négociant en vins de Champagne, à Châlons (Marne).

Moyen de bouchage métallique.

Certif. d'add. pris le 16 février 1848, par *Teyssonneau*, rue du Pas-Saint-Georges, n. 15, à Bordeaux (Gironde).
(B. du 10 mai 1845, n. 1407.)

Système de bouchage.

Certif. d'add. pris le 22 février 1848, par *Fau*, représenté par *Armengaud* jeune, à Paris, rue des Filles-du-Calvaire, n. 6.
(B. du 18 mai 1847, n. 5609.)
Autre add. du 18 mai 1848.

## BOUCLE.

(**7573. 16 décembre 1848.**) Boucle à crochet.

B. de 15 ans, pris le 12 octobre 1848, par *Chabre* dit l'*Eclair*, écuyer, à Paris, passage Ruffin, allée des Veuves, n. 6.

Boucle excentrique.

Certif. d'add. pris le 2 septembre 1848, par *Frantz*, à Paris, rue Meslay, n. 4.
(B. du 10 septembre 1847, n. 6276.)

## BOUÉE.

(**7245. 3 juillet 1848.**) Appareil destiné à supporter et soutenir sur l'eau les personnes, les bateaux et autres corps.

B. pris le 23 février 1848, par *Ligth*, représenté par *Truffaut*, à Paris, rue Favart, n. 8.
(Patente anglaise de 14 ans, expirant le 19 juillet 1861.)

## BOUGIE.

(**7207. 30 juin 1848.**) Divers perfectionnements dans la fabrication des bougies, cierges, etc., notamment dans celle des luminaires à bas prix, par l'emploi des corps gras communs, de l'acide oléique, ainsi que des matières résineuses et autres.

B. de 15 ans, pris le 14 février 1848, par *Masse* et *Tribouillet*, avenue de Madrid, n. 4, à Neuilly (Seine).
Add. du 8 avril 1848.

(**7399. 2 septembre 1848.**) Moyen de façonner les cierges et les bougies sans augmentation de prix.

B. de 15 ans, pris le 8 juillet 1848, par *Bourdon-Quesney*, à Gueures (Seine-Inférieure).

Divers perfectionnements dans la fabrication des bougies et des chandelles.

Certif. d'add. pris le 21 février 1848, par *Binet*, à Paris, rue Rochechouart, n. 40.
(B. du 24 août 1847, n. 6185.)

## BOUSSOLE.

(7328. 17 août 1848.) Boussole perfectionnée.

B. de 15 ans, pris le 9 mai 1848, par *Bush*, de Londres, représenté par *Monvignier*, à Paris, rue de la Verrerie, n. 7.

## BOUTEILLE.

(7473. 7 octobre 1848.) Construction de bouteilles et d'appareils pour les remplir et les boucher.

B. pris le 14 août 1848, par *Hély de Réginald*, élisant domicile chez *Pierret*, à Billancourt (Seine).
(Patente anglaise de 14 ans, expirant le 11 janvier 1862.)

## BOUTEILLE (rinçage de).

(7201. 30 juin 1848.) Machine à rincer les bouteilles dite *le nettoyeur accéléré*.

B. de 15 ans, pris le 19 février 1848, par *Jumont*, petite rue du Clos-Riondel, n. 19, à Lyon (Rhône).

## BOUTON.

(7298. 8 août 1848.) Genre de bouton-support applicable principalement à la tunique militaire.

B. de 15 ans, pris le 13 avril 1848, par *Bralley* et *Dorso*, à Paris, rue Saint-Denis, n. 118.

(7471. 7 octobre 1848.) Système de bouton.

B. de 15 ans, pris le 11 août 1848, par *Grandsir*, à Paris, rue Charlot, n. 6.

(7721. 16 janvier 1849.) Système de fabrication de boutons en pâte de porcelaine pour vêtements, etc.

B. de 15 ans, pris le 24 novembre 1848, par *Loin*, mécanicien, rue des Rigoles, n. 46, à Belleville (Seine).

## BOUTON DE PORTE.

Moyen d'application des garnitures en métal quelconque aux boutons de porte.

Certif. d'add. pris le 13 octobre 1848, par *Dupont*, marchand de cristaux, à Paris, rue de la Ferronnerie, n. 13.
(B. du 13 octobre 1848, n. 6667.)

**BRIQUE, v. COMBUSTIBLE, TERRE
CUITE.**

**BRIQUET.**

(7404. 2 septembre 1848.)
Briquet-bougie à mèche continue et inflammable par inter-
valles.

B. de 15 ans, pris le 10 juillet 1848,
par *d'Artois* et *Queyras*, à Paris, boulevard Beaumarchais, n. 59 *bis*.

(7788. 30 janvier 1849.) Briquet elliptique à cylindre.

B. de 15 ans, pris le 14 décembre
1848, par les sieurs *Laudet*, à Paris,
rue de Vaugirard, n. 113.

(7818. 7 février 1849.) Briquet
à allumettes et à amadou.

B. de 15 ans, pris le 29 décembre
1848, par *Lefrançois*, à Paris, rue de
Poitou, n. 12.

**BRODERIE, v. TISSAGE, TISSU.**

(7020. 29 mars 1848.) Espèce
de broderie dite *broderie-den-
telle*.

B. de 15 ans, pris le 15 janvier 1848,
par *Draps* et *Goudenove*, à Paris, place
de la Bourse, n. 31.

(7277. 12 juillet 1848.) Application d'un battant à répar-
titeur à l'usage des fabriques de
broderies.

B. de 15 ans, pris le 20 mars 1848,
par *Minette-Briquet*, à Saint-Quentin
(Aisne).

(7552. 18 novembre 1848.) Aiguille dite *aiguille-navette*, servant au travail de la tapisserie,
de la broderie et de la couture,
soit au métier, soit à la main.

B. de 15 ans, pris le 18 septembre
1848, par *le Bâtard*, négociant, à Paris,
rue de Ménars, n. 5.

(7766. 24 janvier 1849.) Procédés de fabrication de tissus
broderie et tapisserie applicables à divers usages.

B. de 15 ans, pris le 10 novembre
1848, par *Tempère* et *Mathieux* et gendre,
à Paris, cour Batave, n. 13.

Mécanisme propre à produire
les dessins sur les métiers bro-
deurs.

Certif. d'add. pris le 25 octobre 1848,
par *Grangier* frères, fabricants de rubans, à Saint-Chamond (Loire).
(B. du 20 janvier 1845, n. 769.)

**BROSSERIE.**

(7503. 7 novembre 1848.) Genre de brosse.

B. de 15 ans, pris le 12 septembre 1848, par *Daubernet*, brossier, à Paris, rue du Plâtre-Saint-Jacques, n. 21.

(7554. 18 novembre 1848.) Brosse-étrille inusable.

B. de 10 ans, pris le 21 septembre 1848, par *Maillard*, commis quincaillier, Grande Rue, n. 19, à Laval (Mayenne).

Ecouvillons montés sur brosse.

Certif. d'add. pris le 7 mars 1848, par *Faucher*, à Paris, rue Boucherat, n. 11.
(B. du 16 juin 1847, n. 5819.)

Perfectionnements apportés à divers articles de brosserie.

Certif. d'add. pris le 21 octobre 1848, par *Desmaziers*, fabricant brossier, à Paris, rue Saint-Martin, n. 210.
(B. du 11 août 1847, n. 6136.)

**BROYAGE.**

(7281. 12 juillet 1848.) Machine servant à broyer et à délayer la terre.

B. de 15 ans, pris le 11 mars 1848, par *Prévotel- Thiberge*, à Beauvais (Oise).

(7662. 21 décembre 1848.) Machine propre au cassage de la pierre, du minerai et de la castine.

B. de 15 ans, pris le 2 novembre 1848, par *Vieules, Chameroy* et *Salarnier*, à Aurillac (Cantal).

**BUANDERIE, *v.* BLANCHIMENT.**

**BUFFLETERIE.**

(7295. 8 août 1845.) Imitation-buffleterie pouvant recevoir aussi d'autres applications, et notamment remplacer les carcasses pour chapeaux et casquettes.

B. de 15 ans, pris le 8 avril 1848, par *Bigot*, à Paris, rue de Rivoli, n. 32.

**BUSC.**

(7488. 7 octobre 1848.) Busc mécanique à double pont.

B. de 10 ans, pris le 12 août 1848, par *Paignard*, chez *Armengaud* jeune, à Paris, rue des Filles-du-Calvaire, n. 6.

# C

**CACHET.**

(7684. 30 décembre 1848.) Scellé métallique pour lettres.

B. de 15 ans, pris le 11 novembre 1848, par *Laude*, tapissier, à Paris, rue de Vendôme, n. 12.

(7740. 24 janvier 1849.) Appareil appliqué aux cachets, dit *cachet-moule*.

B. de 15 ans, pris le 28 novembre 1848, par *Bidos*, chez *Reynaud*, à Paris, rue Bleue, n. 16.

(7744. 24 janvier 1849.) Cachet perfectionné.

B. de 15 ans, pris le 2 décembre 1848, par *Charbaume*, mécanicien, à Munich, représenté par *Schwilgué*, rue Brûlée, n. 24, à Strasbourg (Bas-Rhin).

(7769. 24 janvier 1849.) Mode de cacheter les lettres.

B. de 10 ans, pris le 4 décembre 1848, par *Violette*, chez madame *Violette*, à Paris, rue du Dragon, n. 34.

**CADRAN.**

(7743. 24 janvier 1849.) Disposition de *couteau solaire* donnant l'heure au moyen d'un cadran solaire et permettant de s'orienter.

B. de 15 ans, pris le 7 décembre 1848, par *Carton*, épicier, à Paris, rue Monsigny, n. 10.

Cadrans d'horloges, pendules et montres en fer émaillé.

Certif. d'add. pris le 21 novembre 1848, par *Jacquemin*, chez *Marti* et comp., à Paris, rue d'Orléans, n. 1, au Marais.
(B. du 7 avril 1845, n. 1225.)

**CADRE.**

(7749. 24 janvier 1849.) Cadres en stuc appliqués à la dorure.

B. de 15 ans, pris le 30 novembre 1848, par *Dulac*, fabricant de cadres, à Paris, rue du Faubourg-du-Temple, n. 31.

**CAFÉ.**

(7131. 13 mai 1848.) Café indigène.

B. de 15 ans, pris le 1er février 1848, par *Paul-Marsais*, à Lyon, place de la Fromagerie, n. 7 (Rhône).

**CAFETIÈRES.**

(7330. 17 août 1848.) Perfectionnements dans les appareils destinés à faire infuser et extraire le café et autres substances.

B. pris le 5 mai 1848, par *Carey*, représenté par *Truffaut*, à Paris, rue de Grammont, n. 17.
(Patente anglaise de 14 ans, expirant le 26 octobre 1861.)

(7331. 17 août 1848.) Genre de cafetière dite *cafetière Chabrérat*.

B. de 15 ans, pris le 12 mai 1848, par *Chabrérat*, à Paris, rue des Carmes, n. 2.

(7822. 7 février 1849.) Genre de cafetière.

B. de 15 ans, pris le 26 décembre 1848, par *Pharant*, tourneur en cuivre, à Paris, rue du Faubourg-du-Temple, n. 15.

Cafetière à vapeur.

Certif. d'add. pris le 5 mai 1848, par *Thomas*, à Paris, rue d'Enfer, n. 5.
(B. du 14 avril 1846, n. 3358.)

Perfectionnements apportés à la cafetière à vapeur.

Certif. d'add. pris le 15 avril 1848, par *Veyron*, à Paris, rue Neuve-Coquenard, cour Saint-Guillaume, n. 11.
(B. du 12 novembre 1846, n. 4581.)
Autre add. du 29 décembre 1848.

Appareil propre à faire le café, dit *appareil Burty*.

Certif. d'add. pris le 13 mars 1848, par *Labully-Burty*, place Saint-Pierre, n. 2, à Lyon (Rhône).
(B. du 13 mars 1847, n. 5220.)

**CALCUL.**

(7364. 18 août 1848.) Procédé servant à marquer ou additionner, d'une manière permanente, du nombre 1 au nombre 999,999, dit *recenseur rapide, visible et invariable des votes*.

B. de 10 ans, pris le 15 juin 1848, par *Bentz*, rue Saint-Dizier, n. 44, à Nancy (Meurthe).

Machine à calculer.

Certif. d'add. pris le 5 décembre 1848, par *Baranowski*, à Paris, rue Neuve-Clichy, n. 3.
(B. du 28 novembre 1846, n. 4587.)

Compteur universel ou *arithmomètre*.

Certif. d'add. pris le 25 septembre 1848, par *Dulel*, tulliste, rue de l'Archevêché, n. 4, à Lyon (Rhône).
(B. du 24 septembre 1847, n. 6358.)

**CALE.**

(7548. 18 novembre 1848.) Cales mobiles destinées à mettre les meubles d'aplomb.

B. de 15 ans, pris le 20 septembre 1848, par *Heingle*, *Lesavre* et *Bouchery*, à Paris, rue de l'Arbre-Sec, n. 49.

**CALENDRIER.**

(7703. 16 janvier 1849.) Dispositions mécaniques de calendrier perpétuel.

B. de 15 ans, pris le 20 novembre 1848, par *de Balzola*, chez *Rocca*, à Paris, rue Hauteville, n. 61.

**CALIBRE.**

(7518. 7 novembre 1848.) Calibre à vis et vernier circulaire.

B. de 15 ans, pris le 7 septembre 1848, par *Palmer*, mécanicien, à Paris, rue Montmorency, n. 16.

**CALORIFÈRE, v, CHAUFFAGE, CHEMINÉE, ETC.**

(7117. 13 mai 1848.) Genre de calorifère propre à chauffer et à produire du gaz en même temps.

B. de 15 ans, pris le 2 février 1848, par *Lapostol*, à Paris, rue Ménilmontant, n. 80.

(7483. 7 octobre 1848.) Disposition et mode de construction d'un système de poêle calorifère, dit *thermo-aéroclave*, à foyer fermé, chauffant par rayonnement et ventilation, à combustion continue et réglée.

B. de 15 ans, pris le 22 août 1848, par *Martin*, rue Saint-Antoine, n. 2, à Besançon (Doubs).

(7533. 18 novembre 1848.) Genre de calorifère.

B. de 15 ans, pris le 30 septembre 1848, par *Baudon-Porchez*, mécanicien, rue Esquermoise, n. 67, à Lille (Nord).

Appareil calorifère applicable aux poêles et cheminées.

Certif. d'add. pris le 6 janvier 1848, par les sieurs *Champonnois*, négociants, à Chaumont (Haute-Marne).
(B. du 20 janvier 1847, n. 1890.)

## CALORIQUE.

(7669. 30 décembre 1848.) Perfectionnements dans la combustion du combustible et dans l'application de la chaleur qu'on en obtient.

B. pris le 14 novembre 1848, par *Coad*, représenté par *Truffaut*, à Paris, rue de Grammont, n. 17.
(Patente anglaise de 14 ans, expirant le 25 novembre 1861.)

## CAMÉE.

(7061. 5 avril 1848.) Camée-coquille, dit *camée mosaïque oriental*.

B. de 15 ans, pris le 17 janvier 1848, par *Juiliot*, graveur en camées, à Paris, rue Phélippeaux, n. 36.

## CANAPÉ, *v.* LIT.

Canapé-lit dit *canapé à la française*.

Certif. d'add. pris le 1er mars 1848, par *Noëllat*, place des Ducs-de-Bourgogne, n. 6, à Dijon (Côte-d'Or).
(B. du 4 mars 1847, n. 5195.)

## CAOUTCHOUC.

(7627. 20 décembre 1848.) Applications industrielles du caoutchouc, et particulièrement aux pianos et aux orgues.

B. de 15 ans, pris le 14 octobre 1848, par *Van Gils*, facteur d'orgues et de pianos, à Paris, rue du Bac, n. 64.

Perfectionnements apportés à la confection des souliers, etc.

Certif. d'add. pris le 29 janvier 1848, par *Prevost-Brouillet*, négociant, à Bruxelles, élisant domicile chez *Pierre Durand* fils aîné, à Paris, rue Française, n. 7.
(B. du 24 octobre 1846, n. 4446.)

Application du caoutchouc à la fabrication des bas et des cuissières.

Certif. d'add. pris le 4 décembre 1848, par *Vié*, bonnetier, à Paris, rue Saint-Jacques, n. 161.
(B. du 17 février 1847, n. 5100.)

## CAPSULE.

(7128. 13 mai 1848.) Fabrication de capsules fulminantes avec le ligneux fulminant, dit *fulmi-coton*.

B. de 15 ans, pris le 14 octobre 1846, par *Morel*, mécanicien, à Paris, rue d'Orléans-Saint-Marcel, n. 35.

**CARACTÈRES D'IMPRIMERIE, *v*. TYPOGRAPHIE.**

**CARBONISATION, *v*. FOUR.**

( 7441. 9 septembre 1848. ) Moyen de carboniser à vase clos toutes les substances ligneuses.

B. de 15 ans, pris le 7 août 1848, par *Gardissal*, à Paris, boulevard Saint-Martin, n. 17.

Appareil propre à la carbonisation du bois.

Certif. d'add. pris le 15 janvier 1848, par la dame *Millochau*, à Paris, rue Vavin, n. 5.
(B. du 16 décembre 1847, n. 6916.) Autre add. du 29 janvier 1848.

**CARTON.**

(7184. 2 juin 1848.) Fabrication d'un carton dit *carton roseau-paille*.

B. de 15 ans, pris le 9 février 1848, par *Tellier*, à Paris, rue Rambuteau, n. 48.

**CATAPLASME.**

(7807. 7 février 1849.) Farine émolliente propre à composer des cataplasmes économiques.

B. de 15 ans, pris le 23 décembre 1848, par *Benoit*, à Paris, rue du Fouarre, n. 11.

**CÉRÉALE, *v*. GRAIN.**

**CHAINE.**

(7208. 30 juin 1848.) Matrice à plier et à calibrer les mailles de chaîne.

B. de 10 ans, pris le 10 février 1848, par *Mazenod*, à Saint-Martin-la-Plaine (Loire).

**CHAINE ÉLASTIQUE.**

(7225. 3 juillet 1848.) Genre de chaîne élastique propre à remplacer les ressorts dans les voitures.

B. de 15 ans, pris le 21 février 1848, par *Barthélemy*, à Paris, rue Lafayette, n. 14.

**CHAISE PERCÉE.**

(7220. 30 juin 1848.) Chaise percée inodore.

B. de 15 ans, pris le 21 février 1848 par *Pruvost,* à Wazemmes - lès - Lill (Nord).

Système de chaise percée inodore.

Certif. d'add. pris le 26 juillet 1848, par *Miroy* frères, à Paris, rue d'Angoulème-du-Temple, n. 10.
(B. du 2 novembre 1847, n. 6634.)

**CHALE.**

(7282. 12 juillet 1848.) Système de fabrication de châles sur les métiers à la Jacquart.

B. de 15 ans, pris le 11 mars 1848, par *Raizon* et *Fajon,* à Nîmes (Gard).

**CHALEUR.**

(7611. 20 décembre 1848.) Perfectionnements dans la génération, l'indication et l'application de la chaleur à divers usages.

B. pris le 14 octobre 1848, par *Knowlys,* du comté de Lancastre, représenté par *Truffaut,* à Paris, rue de Grammont, n. 17.
(Patente anglaise de 14 ans, expirant le 5 avril 1862.)

**CHANDELIER.**

(7004. 13 mars 1848.) Perfectionnements d'un chandelier à ressort en fil de fer, à l'instar des torches des églises, assorti d'un éteignoir et de mouchettes adhérents et séparés et d'un petit tube à placer sur la chandelle ordinaire.

B. de 15 ans, pris le 8 janvier 1848, par *Saint-Lanne-Pessalier,* avocat, à Mirande (Gers).

**CHANDELLE,** *v.* **BOUGIE, ÉCLAIRAGE.**

(7381. 18 août 1848.) Genre de machine propre à fabriquer la bougie, la chandelle, etc.

B. de 15 ans, pris le 2 juin 1848, par *Moinier,* rue de Thionville, n. 6 *bis,* à la Villette (Seine).

Genre de mèches de chandelles.

Certif. d'add. pris le 21 février 1848, par *Cottereau,* à Paris, rue des Grès, n. 7.
(B. pris avec *Bonnemains,* le 30 janvier 1847, n. 4984.)

**CHANVRE ET LIN.**

(7290. 12 juillet 1848.) Peigne à sérancer à la main le lin, le chanvre et autres matières fibreuses.

B. de 15 ans, pris le 13 mars 1848, par *Ward* et *Suttill*, rue des Célestins, n. 17, à Lille (Nord).

(7327. 17 août 1848.) Machine à teiller le lin.

B. de 15 ans, pris le 15 mai 1848, par *Boucherie*, entrepreneur, à Cambray (Nord).

(4527. 7 novembre 1848.) Système de machine à peigner le lin et le chanvre.

B. de 15 ans, pris le 8 septembre 1848, par *Vennin-Derégniaux*, mécanicien, rue Princesse, à Lille (Nord).

(7508. 7 novembre 1848.) Broie, ou machine à teiller le chanvre.

B. de 5 ans, pris le 11 septembre 1848, par *Durand*, à Yvias (Côtes-du-Nord).

Machine à teiller le lin et autres plantes textiles.

Certif. d'add. pris le 15 décembre 1848, par *Lucas*, à Pontrieux (Côtes-du-Nord).
(B. du 4 décembre 1846, n. 4628.)

**CHAPEAU ET CHAPELLERIE, v. CHAPEAU DE DAME.**

(6982. 13 mars 1848.) Fonds de chapeaux.

B. de 15 ans, pris le 4 janvier 1848, par *Delion* et *Gillet*, fabricants de chapeaux, à Paris, rue Pecquay, n. 7.
Add. du 17 janvier 1848.

(7038. 29 mars 1848.) Divers systèmes de branches articulées, applicables aux chapeaux pliants, mécaniques et à flexion.

B. de 15 ans, pris le 11 janvier 1848, par *Rouget de Lisle*, manufacturier, à Paris, rue des Petites-Ecuries, n. 15.

(7026. 29 mars 1848.) Genre de chapeaux vernis sur étoffe de fil, coton et laine.

B. de 15 ans, pris le 12 janvier 1848, par *Jean*, fabricant de chapeaux, à Paris, rue Sainte-Avoye, n. 13.

(7029. 29 mars 1848.) Perfectionnements apportés dans les chapeaux mécaniques.

B. de 15 ans, pris le 13 janvier 1848, par *Larille* et *Poumaroux*, fabricants de chapeaux, à Paris, rue Simon-le-Franc, n. 8.

(**7394.** 2 septembre 1848.) Four-potence destiné à passer au fer et brosser en même temps les chapeaux.

B. de 15 ans, pris le 15 juillet 1848, par *Allié* aîné, fabricant de chapeaux, à Paris, rue Simon-le-Franc, n. 21.

Divers ressorts pour chapeaux mécaniques.

Certif. d'add. pris le 1er mars 1848, par *Gibus*, à Paris, rue Beaubourg, n. 50.
(B. du 23 septembre 1840, n. 11443.)

Procédé de fabrication de chapeaux *feutre verni*.

Certif. d'add. pris le 23 février 1848, par *Papion* jeune, à la Ville-en-Bois, à Rennes (Ille-et-Vilaine).
(B. du 3 mars 1847, n. 5162.)

Appareil destiné à la préparation et au perfectionnement des peluches pour chapeaux.

Certif. d'add. pris le 27 mars 1848, par *Martin-Gubian*, à Tarare (Rhône).
(B. du 28 mai 1847, n. 5707.)

Système de chapeau mécanique.

Certif. d'add. pris le 13 janvier 1848, par *Laville* et *Poumaroux*, à Paris, rue Simon-le-Franc, n. 8.
(B. du 16 octobre 1847, n. 6559.)

Chapeau mécanique.

Certif. d'add. pris le 18 janvier 1848, par *Noyez*, chapelier, à Paris, rue du Faubourg-Saint-Denis, n. 13.
(B. du 13 décembre 1847, n. 6858.)
Autre add. du 28 novembre 1848.

## CHAPEAU DE DAME.

(**7813.** 7 février 1849.) Application de l'écaille et de la corne à la fabrication des chapeaux de dames.

B. de 15 ans, pris le 28 décembre 1848, par la dame *Charbonnel*, à Paris, rue de Jussieu, n. 17.

Confection de cannetilles en papier roulé sur tresses pour chapeaux de dames.

Certif. d'add. pris le 25 septembre 1848, par *Martin*, négociant, rue de la Poulaillerie, n. 9, à Lyon (Rhône).
(B. du 29 juin 1847, n. 5889.)

## CHARBON.

(**7126.** 13 mai 1848.) Appareil propre à allumer le charbon.

B. de 15 ans, pris le 25 janvier 1848, par *Moreau*, à Paris, rue Casimir-Périer, n. 4.

Méthode de conglomérer le poussier de charbon de bois et de braise.

Certif. d'add. pris le 25 janvier 1848, par *Moreau*, à Paris, rue Casimir-Périer, n. 4.
B. pris le 29 août 1846, n. 4142.)

**CHARRETTE.**

(7673. 30 décembre 1848.) Mécanique applicable aux charrettes, pour empêcher la chute du cheval timonier.

B. de 15 ans, pris le 11 novembre 1848, par *Fieschi*, à Paris, rue de Pouthieu, n. 51.

**CHARRUE.**

(6985. 13 mars 1848.) Charrue ou araire à semer.

B. de 15 ans, pris le 4 janvier 1848, par *Durand* et *Diouloufet*, cours Sextius, n. 11, à Aix (Bouches-du-Rhône).

(7421. 2 septembre 1848.) Perfectionnement à l'invention objet du brevet pris par le même, le 31 juillet 1847, pour un système de charrue dite *charrue Pardoux*.

B. de 15 ans, pris le 29 juillet 1848, par *Pardoux*, mécanicien, à Randans (Puy-de-Dôme).

(7434. 9 septembre 1848.) Fabrication des ailes de charrue.

B. de 15 ans, pris le 7 août 1848, par *Combe* fils, à la Ricamarie, près Saint-Étienne (Loire).

(7572. 16 décembre 1848.) Charrue-semoir propre à la plantation du blé et de toute espèce de grains, dite *plantoir Bourget*.

B. de 15 ans pris le 7 octobre 1848, par *Bourget* et *Girard*, à Marseille (Bouches-du-Rhône).

(7630. 21 décembre 1848.) Charrue dite *araire Aycard* perfectionnée.

B. de 15 ans, pris le 8 novembre 1848, par *Aycard*, fabricant d'instruments aratoires, rue Gérard, n. 7, à Marseille (Bouches-du-Rhône).

**CHASSIS.**

(7237. 3 juillet 1848.) Traverse mobile en zinc ou en tôle propre à préserver les vitreries et châssis des combles, etc., des effets de la condensation intérieure de la buée.

B. de 15 ans, pris le 19 février 1848, par *Fincken*, à Paris, rue de l'Echiquier, n. 1 *bis*.

**CHAUDIÈRE A VAPEUR ET AU-
TRES.**

(7234. 3 juillet 1848.) Perfectionnements dans les chaudières
à vapeur destinées à la navigation et dans les appareils qui
s'y rattachent.

B. pris le 23 février 1848, par *Dundo-
nald*, représenté par *Truffaut*, à Paris,
rue Favart, n. 8.
( Patente anglaise de 14 ans, expirant
le 11 février 1862.)

(7226. 3 juillet 1848.) Perfectionnements dans la construction de chaudières avec appareil pour une meilleure production et absorption de calorique.

B. de 10 ans, pris le 1er mars 1848,
par *Bernhard-von-Rathen*, représenté
par *Morelle*, rue de la Gaîté, n. 31, à
Montrouge (Seine).

(7462. 9 septembre 1848.)
Appareil de chauffage applicable aux chaudières à vapeur et
autres, aux fours de puddlage et
de ressuage.

B. de 15 ans, pris le 7 août 1848, par
*Truffaut*, à Paris, rue de Grammont,
n. 17.

(7516. 7 novembre 1848.)
Perfectionnements aux chaudières à vapeur.

B. pris le 31 août 1848, par *Montgo-
mery*, représenté par *Perpigna*, à Paris, rue Neuve-Saint-Augustin, n. 10.
(Patente américaine de 14 ans, expirant
le 26 décembre 1859.)

(7588. 16 décembre 1848.)
Combinaison de chaudières à
vapeur propre à économiser le
charbon.

B. de 15 ans, pris le 12 octobre 1848,
par *Lemielle*, mécanicien, rue Saint-Jacques, n. 38, à Valenciennes (Nord).

Appareil alimentateur progressif à jet continu, etc.

Certif. d'add. pris le 24 juillet 1848,
par *Pimont*, élisant domicile à Paris,
place de la Bourse, hôtel de Tours.
(B du 25 janvier 1845, n. 781.)
Autre add. du 19 août 1848.

Appareil propre à alimenter
constamment les chaudière des
machines à vapeur.

Certif. d'add. pris le 4 novembre 1848,
par *Sauvage* et comp., à Paris, rue Richer, n. 6.
(B. pris par *Sauvage*, le 26 août 1845,
n. 2030.)

Enveloppes incalorifères ou
calorifuges.

Certif. d'add. pris le 22 juillet 1848,
par *Pimont*, à Bolbec (Seine-Inférieure).
(B. du 13 septembre 1845, n. 2115.)

Système de chaudière à vapeur.

Certif. d'add. pris le 22 février 1848, par *Jarry* et *Carié*, rue Vertais, cours des Pêcheurs, à Nantes (Loire-Inférieure). (B. du 23 février 1847, n. 5118.)

Procédé de fabrication de viroles pour chaudières tubulaires et autres usages.

Certif. d'add. pris le 28 octobre 1848, par *Steiner*, mécanicien, à Paris, rue des Trois-Bornes, n. 31. (B. du 25 février 1847, n. 5135.)

Système de sifflet avertisseur, etc.

Certif. d'add. pris le 15 janvier 1848, par *Lethuillier*, représenté par *Armengaud* aîné, rue Saint-Sébastien, n. 19. (B. du 5 juillet 1847, n. 5954.)

Procédé de fabrication de bagues, viroles ou rondelles en métal.

Certif. d'add. pris le 4 novembre 1848, par *Lemaitre*, mécanicien, représenté par *Armengaud* aîné, à Paris, rue Saint-Sébastien, n. 19. (B. du 13 décembre 1847, n. 6845.)

**CHAUFFAGE.**

(6994. 13 mars 1848.) Calorifère à air chaud destiné au chauffage des théâtres, des monuments publics, des hôpitaux, etc., pour tous les usages qui nécessitent la ventilation et pour le séchage de toute espèce de matières.

B. de 15 ans, pris le 6 janvier 1848, par la dame *Ledru*, à Paris, rue du Faubourg-Poissonnière, n. 28. Add. du 10 février 1848.

(7030. 29 mars 1848.) Système de chauffage.

B. de 15 ans, pris le 14 janvier 1848, par *le Page*, à Paris, rue Vivienne, n. 34.

(7181. 2 juin 1848.) Moyens d'employer utilement et économiquement le charbon de terre pour le chauffage domestique et autres, et pour l'éclairage.

B. de 15 ans, pris le 10 février 1848, par *Robert*, rue de Lyon, n. 83, à Saint-Étienne (Loire).

(7269. 12 juillet 1848.) Appareil de chauffage dit *foyer calorifère à tubes prismatiques,* pour cheminées, etc.

B. de 15 ans, pris le 6 mars 1848, par *Guichard, Coule* et *Fondet* aîné, à Châlons (Saône-et-Loire).

(7228. 3 juillet 1848.) Genre de calorifère.

B. de 15 ans, pris le 7 mars 1848, par *Chapelle*, allée Lafayette, 17, à Toulouse (Haute-Garonne).

(7299. 8 août 1848.) Allumoir portatif d'un nouveau genre propre à tous foyers et fourneaux.

B. de 15 ans, pris le 3 avril 1848, par *Briet* fils, à Paris, rue Notre-Dame-de-Nazareth, n. 27.

(7413. 2 septembre 1848.) Economie de combustible dans la chauffe de fours, par application nouvelle d'une chambre d'air qui arrête les rayonnements du four et qui sert en même temps à échauffer l'air alimentateur de la combustion.

B. de 15 ans, pris le 10 juillet 1848, par *Huart*, à Bayonne (Basses-Pyrénées).

(7720. 16 janvier 1849.) Application des briquettes de charbon maigre au chauffage des appareils à vapeur.

B. de 15 ans, pris le 20 novembre 1848, par *Lelièvre*, négociant, à Valenciennes (Nord).

(7707. 16 janvier 1849.) Perfectionnements dans les moyens et appareils servant à économiser le combustible, pour l'ébullition et l'évaporation des liquides.

B. de 10 ans, ans, pris le 21 novembre 1848, par *Cantillon*, représenté par *Reynaud*, à Paris, rue Bleue, n. 16.

(7732. 16 janvier 1849.) Appareil propre à chauffer les générateurs de vapeur, à l'aide du coke ou autres combustibles, quelle que soit leur destination.

B. de 15 ans, pris le 23 novembre 1848, par *Taylor*, chez *Truffaut*, à Paris, rue de Grammont, n. 17.

(7794. 30 janvier 1849.) Procédés propres au chauffage par la combustion des gaz réunis dans un même foyer.

B. de 15 ans, pris le 20 décembre 1848, par *Peigné*, à Paris, boulevard Poissonnière, n. 11.

(7795. 30 janvier 1849.) Procédés propres au chauffage par la combustion de divers gaz réunis dans un même foyer.

B. de 15 ans, pris le 21 décembre 1848, par *Peigné*, à Paris, boulevard Poissonnière, n. 14.

Colonne à foyer central propre à chauffer les liquides.

Certif. d'add. pris le 26 janvier 1848, par *Hébuterne*, chaudronnier, à Paris, rue des Fossés-Saint-Bernard, n. 26.
(B. du 30 mars 1846, n. 3246.)

Appareils caléfacteurs.

Certif. d'add. pris le 10 février, 1848, par *Fourcault*, avenue des Thernes, n. 63, aux Thernes (Seine).
(B. du 30 décembre 1847, n. 6952.)

CHAUSSE-PIED.

(7329. 17 août 1848.) Moyen de former ou estamper les chausse-pieds en fer, en cuivre et en toute espèce de métaux malléables.

B. de 15 ans, pris le 5 juin 1848, par *Camion*, à Vrigues-aux-Bois (Ardennes).

CHAUSSURE.

(7083. 13 mai 1848.) Moyens et procédés de fabrication de lacets et de chaussures.

B. de 15 ans, pris le 5 février 1848, par *Aumont-Anquetin*, chez *Marry*, à Paris, rue Montorgueil, n. 63.

(7435. 9 septembre 1848.) Chaussures en zinc avec semelle en cuir et doublure en peau d'agneau.

B. de 15 ans, pris le 21 août 1848, par *Courtade* et *Chapelle*, allée Lafayette, à Toulouse (Haute-Garonne).

(7581. 16 décembre 1848.) Système de pantoufles.

B. de 15 ans, pris le 9 octobre 1848, par *Dompierre - Leducq*, à Amiens (Somme).

(7583. 16 décembre 1848.) Système de chaussons de tresse.

B. de 15 ans, pris le 10 octobre 1848, par *Durand*, mécanicien, à Paris, rue Neuve-Popincourt, n. 11.
Add. du 22 décembre 1848.

Confection de chaussure sans couture.

Certif. d'add. pris le 12 janvier 1848, par *Pouard*, bottier, à Paris, place Royale, n. 24.
(B. du 23 février 1846, n. 3036.)

**Fabrication de chaussure.**

Certif. d'add. pris le 4 février 1848, par *Courtès*, rue Belzunce, n. 19, à Marseille (Bouches-du-Rhône).
(B. du 13 juin 1846, n. 3698.)

**Genre de chaussure dite *xulo-hydrofuge*.**

Certif. d'add. pris le 6 janvier 1848, par *Muzard*, fabricant de chaussures, à Paris, rue Saint-Martin, n. 107.
(B. du 7 janvier 1847, n. 4863.)

**Chaussures dites *podolyges*.**

Certif. d'add. pris le 11 octobre 1848, par *Wuilliot-Lheureux*, fabricant de vannerie fine, à Landrezy-la-Ville (Aisne), élisant domicile à Paris, rue Saint-Martin, n. 247.
(B. du 23 octobre 1847, n. 6586.)

**CHEMIN DE FER, *v.* ENRAYAGE, LOCOMOTEUR, MOTEUR, NAVIGATION, PROPULSION, RAIL, VAPEUR (machine à), VOITURE.**

(6975. 13 mars 1848.) Divers moyens de prévenir les accidents sur les chemins de fer.

B. de 15 ans, pris le 6 janvier 1848, par *Brunelle*, à Paris, rue du Cherche-Midi, n. 23.

(7005. 13 mars 1848.) Système d'appareils dit *système Louis-Schie*, propre à éviter les accidents sur les chemins de fer.

B. de 15 ans, pris le 8 janvier 1848, par *Schie* et *Garnier*, à Paris, rue Rougemont, n. 9.

(7040. 29 mars 1848.) Frein applicable aux chemins de fer.

B. de 15 ans, pris le 17 janvier 1848, par *Samuel*, mécanicien, à Paris, rue de l'Université, n. 73.

(7085. 13 mai 1848.) Appareil propre à arrêter instantanément les locomotives et voitures sur les chemins de fer, dit *système Baldit.*

B. de 15 ans, pris le 29 janvier 1848, par *Baldit* et *Bassand*, mécaniciens, à Paris, rue Notre-Dame-Bonne-Nouvelle, n. 2.

(7093. 13 mai 1848.) Perfectionnements dans la construction des chemins de fer, des voitures employées sur lesdits chemins, et dans les signaux en usage sur les chemins de fer.

B. pris le 29 janvier 1848, par *Burch*, représenté par *Truffaut*, à Paris, rue Favart, n. 8.
(Patente anglaise de 14 ans, expirant le 20 juillet 1861.)

(7182. 2 juin 1848.) Système de fabrication de pièces semblables, spécialement appliqué à l'exécution des coins et chevilles en bois pour les chemins de fer et autres usages.

B. de 15 ans, pris le 12 février 1848, par *Samuelson*, représenté par *le Blanc*, à Paris, rue Sainte-Appoline, n. 2.

(7198. 30 juin 1848.) Perfectionnements relatifs à l'établissement des chemins de fer, tel qu'aux supports des rails, aux locomotives et aux voitures de transport.

B. pris le 19 février 1848, par *Hugh-Greaves*, représenté par *Truffaut*, à Paris, rue Favart, n. 8.
( Patente anglaise de 14 ans, expirant le 22 mai 1860.)

(7274. 12 juillet 1848.) Perfectionnements apportés aux plates-formes tournantes.

B. pris le 10 mars 1848, par *Madigan*, chez *Morelle*, rue de la Gaîté, n. 31, à Montrouge (Seine).
( Patente anglaise de 14 ans, expirant le 2 septembre 1861.)
Add. du 14 mars 1848.

(7258. 12 juillet 1848.) Système de dégagement de locomotives de chemins de fer.

B. de 15 ans, pris le 13 mars 1848, par *Achard*, à Clermont-Ferrand ( Puy-de-Dôme).

(7302. 8 août 1848.) Perfectionnements apportés aux chemins de fer atmosphériques.

B. de 15 ans, pris le 31 mars 1848, par *Clarke* et *Varley*, représentés par *Purcell*, à Paris, rue de la Chaussée-d'Antin, n. 24.

(7318. 8 août 1848.) Perfectionnements apportés dans les moyens de transport sur les chemins de fer.

B. pris le 29 avril 1848, par *Neville*, représenté par *Truffaut*, à Paris, rue de Grammont, n. 17.
( Patente anglaise de 14 ans, expirant le 21 octobre 1861.)

(7391. 18 août 1848.) Perfectionnements dans la disposition des tables propres à diviser le temps applicables aux chemins de fer, etc.

B. pris le 9 juin 1848, par *Topham*, représenté par *Truffaut*, à Paris, rue de Grammont, n. 17.
( Patente anglaise de 14 ans, expirant le 15 décembre 1861.)

(7485. 7 octobre 1848.) Perfectionnements dans la manière d'obtenir, d'appliquer, d'augmenter et de diminuer la force motrice applicable aux chemins de fer.

B. de 15 ans, pris le 23 août 1848, par *Merle*, à Paris, rue Vivienne, n. 9.

(7522. 7 novembre 1848.) Perfectionnements dans la construction du matériel des chemins de fer.

B. de 15 ans, pris le 28 août 1848, par *Ridaud*, chez *Blanc*, à Paris, rue de la Verrerie, n. 60.

(7512. 7 novembre 1848.) Système de chemins de fer rigide consistant en traverses de fonte garnies de leurs coussinets, fondues d'un seul jet; dans les rails d'un poids supérieur, dans la suppression des ressorts des voitures et des convois; dans une nouvelle attelle, un nouveau genre de voitures et la suppression de l'ensablement.

B. de 15 ans, pris le 7 septembre 1848, par *Leroy*, entrepreneur de chemins de fer, à Paris, rue Blanche, cité Gaillard, n. 4.
Deux add. des 14 novembre et 29 décembre 1848.

(7763. 24 janvier 1849.) Appareil servant à prévenir les accidents sur les chemins de fer.

B. de 15 ans, pris le 29 novembre 1848, par *Schœppler*, à Bruxelles, élisant domicile chez *Armengaud* aîné, à Paris, rue Saint-Sébastien, n. 19.

(7821. 7 février 1849.) Système de billes et coussinets métalliques propres aux chemins de fer.

B. de 15 ans, pris le 26 décembre 1848, par *Mols*, à Paris, rue Vivienne, n. 53.

Système de construction pour l'établissement des voies de fer.

Certif. d'add. pris le 24 juillet 1848, par *Pouillet*, entrepreneur de travaux publics, à Paris, rue Saint-Dominique-Saint-Germain, n. 211.
(B. pris le 26 mai 1846, n. 3616.)

Appareil propre à enlever les locomotives et les waggons, et, au besoin, à empêcher les déraillements sur les chemins de fer.

Certif. d'add. pris le 20 novembre 1848, par *Hue*, élisant domicile à Paris, rue des Deux-Ecus, n. 23, hôtel de Rennes.
(B. du 20 novembre 1846, n. 4619.)

Système de chemin de fer à air comprimé.

Certif. d'add. pris le 12 janvier 1848, par *Bouchon*, docteur en médecine, à Paris, rue du Renard-Saint-Sauveur, n. 6.
(B. du 13 janvier 1847, n. 4831.)

Perfectionnements dans la construction de certaines parties des chemins de fer.

Certif. d'add. pris le 29 décembre 1848, par *Wild*, de Londres, représenté par *Perpigna*, à Paris, rue Neuve-Saint-Augustin, n. 10.
(B. du 2 août 1847, n. 6118.)

**CHEMINÉE.**

Châssis de cheminée dont le rideau peut se démonter à volonté.

Certif. d'add. pris le 18 décembre 1848, par *Vuigner*, mécanicien, à Paris, rue Quincampoix, n. 3.
(B. du 11 octobre 1847, n. 6520.)

**CHEMISE.**

(7571. 16 décembre 1848.) Genre de chemises de femme.

B. de 15 ans, pris le 7 octobre 1848, par la veuve *Blandin*, à Paris, rue Colbert, n. 2.

**CHIRURGIE** (instrument de).

(7188. 30 juin 1848.) Appareil chirurgical dit *ventouse pneumatique*.

B. de 10 ans, pris le 17 février 1848, par *Burnand*, rue de Lyon, maison Fabvre, à Mâcon (Saône-et-Loire).

(7643. 21 décembre 1848.) Méthode ou manière d'opérer dans la chirurgie dentale à l'aide de nouveaux appareils.

B. pris le 28 octobre 1848, par *Gilbert*, représenté par *Purcell*, à Paris, rue Saint-Honoré, n. 372.
(Patente anglaise de 14 ans, expirant le 20 avril 1862.)

(7733. 16 janvier 1849.) Appareil propre à faciliter la dentition des enfants, dit *odontophique*.

B. de 5 ans, pris le 24 novembre 1848, par *Verdu*, docteur en médecine, à Quinsac (Gironde).

Appareil dit *fluiduc-aérograde* ou *à air comprimé*, applicable à plusieurs usages en médecine et dans les arts.

Certif. d'add. pris le 20 décembre 1848, par *Saintard*, représenté par *Locquet*, à Paris, rue Saint-Nicolas, n. 32.
(B. du 15 octobre 1844, n. 198.)

Appareil à succion propre à remplacer les sangsues.

Certif. d'add. pris le 25 novembre 1848, par *Knussmann*, de Mayence, chez *Georgé*, à Paris, rue Saint-Denis, n. 328.
(B. du 25 mars 1847, n. 5316.)

Instrument de chirurgie destiné principalement à remplacer l'action première de la sangsue.

Certif. d'add. pris le 25 novembre 1848, par *Knussmann*, chez *George*, à Paris, rue Saint-Denis, n. 328.
(B. du 11 juin 1847, n. 5828.)

Sangsue mécanique propre à remplacer la sangsue animale.

Certif. d'add. pris le 5 octobre 1848, par *Alexandre*, à Paris, passage de l'Entrepôt, n. 6.
(B. du 12 octobre 1847, n. 6123.)

Genre de sangsues artificielles.

Certif. d'add. pris le 6 mars 1848, par *Perroncel*, à Paris, rue Saint-Martin, n. 228.
(B. du 2 décembre 1847, n. 6792.)
Autre add. du 17 juillet 1848.

## CHOCOLAT.

(7387. 18 août 1848.) Système de fabrication de chocolat, lequel permet de le livrer au commerce, en poudre, d'une qualité supérieure à celle qui a été obtenue jusqu'ici.

B. de 15 ans, pris le 6 juin 1848, par *Roycourt*, fabricant de chocolat, à Paris, rue Boucher, n. 16.

(7714. 16 janvier 1849.) Fabrication d'un genre de chocolat.

B. de 15 ans, pris le 24 novembre 1848, par *Engard* et *Liebermann*, chimistes, à Paris, rue Lafayette, n. 3.

Machine dite *turbine*, propre à fabriquer le chocolat.

Certif. d'add. pris le 3 février 1848, par *Ruffier*, à Paris, rue du Faubourg-Saint-Martin, n. 51.
(B. du 21 octobre 1844, n. 271.)

Machine à broyer le chocolat.

Certif. d'add. pris le 26 octobre 1848, par *Billian*, mécanicien, rue de la Liberté, n. 19, à Lyon (Rhône).
(B. du 24 novembre 1846, n. 4594.)

## CIGARE.

Genre de tube à cigarettes.

Certif. d'add. pris le 11 février 1848, par *Spreafico* et comp., à Paris, rue du Pas-de-la-Mule, n. 3.
(B. du 23 décembre 1847, n. 6979.)

**CIGARETTE.**

(7359. 18 août 1848.) Application du phosphore dans la fabrication du papier à cigarettes.

B. de 15 ans, pris le 14 juin 1848, par la dame *Abadie*, à Paris, boulevard Beaumarchais, n. 59 *ter*.

**CIRAGE.**

(7212. 30 juin 1848.) Cirage préservateur dit *cirage Moreau*.

B. de 15 ans, pris le 15 février 1848, par *Moreau*, à Paris, boulevard Saint-Martin, n. 11.

**CLEF A ÉCROU.**

(7366. 18 août 1848.) Outil dit *clef allemande*.

B. de 15 ans, pris le 7 juin 1848, par *Charbaum*, chez *Schwilgué*, rue Brûlée, n. 24, à Strasbourg (Bas-Rhin).

Clef à écrou dite *universelle*.

Certif. d'add. pris le 11 mars 1848, par *Malliar* et *Sculfort* fils, chez *Armengaud* jeune, à Paris, rue des Filles-du-Calvaire, n. 6.
(B. du 15 décembre 1847, n. 6850.)
Autre add. du 30 novembre 1848.

**CLOCHE.**

Montage de cloches d'après un système de tourillons.

Certif. d'add. pris le 13 mars 1848, par *Petithomme*, route de Tours, à Laval (Mayenne).
(B. du 7 mai 1847, n. 5574.)

**CLOUTERIE.**

(7199. 30 juin 1848.) Perfectionnements apportés dans les machines propres à la fabrication des clous, béquets, etc.

B. de 15 ans, pris le 18 février 1848, par *Japy* frères, à Paris, rue du Temple, n. 108.

(7343. 17 août 1848.) Manière économique de fabriquer les clous à la mécanique.

B. de 15 ans, pris le 24 mai 1848, par *Mallet*, boulevard de l'Est, à Amiens (Somme).

(7688. 30 décembre 1848.) Machine jumelle à béquets.

B. de 15 ans, pris le 17 novembre 1848, par *Pareau* et comp., fabricants, à Montbéliard (Doubs).

**CLYSOIR, *v*. SERINGUE.**

**COLLIER DE CHEVAL.**

Système d'attelles en fer pour les colliers de chevaux.

Certif. d'add. pris le 25 octobre 1848, par *Boulet*, bourrelier, à Monthelan (Indre-et-Loire).
(B. du 29 décembre 1847, n. 6885.)

**COLORATION.**

(7224. 3 juillet 1848.) Procédé de coloration sur métaux.

B. de 15 ans, pris le 9 mars 1848, par *Aubert*, à Paris, rue de Poitou, n. 26, au Marais.

**COMBUSTIBLE, *v*. TOURBE.**

(7310. 8 août 1848.) Composition d'un genre de combustible.

B. de 15 ans, pris le 30 mars 1848 par la demoiselle *Guyot*, à Paris, rue Bellefond, n. 37.
Add. du 11 mai 1848.

(7384. 18 août 1848.) Application d'une machine propre à broyer, mélanger, pétrir et mouler toute espèce de substance combustible pour en faire un charbon artificiel de toute forme.

B. de 15 ans, pris le 31 mai 1848, par *Offner*, à Paris, rue Vivienne, n. 15.

(7455. 9 septembre 1848.) Fabrication du charbon-gaz.

B. de 15 ans, pris le 8 août 1848, par *Paret*, quai Combalot, n. 3, à la Guillottière (Rhône).

Composition d'un genre de charbon dit *charbon dur inodore*.

Certif. d'add. pris le 24 juillet 1848, par *Millochau* fils, négociant, à Paris, rue Hauteville, n. 23.
(B. du 11 mai 1847, n. 5634.)

Appareil propre à l'agglomération de la houille et à la fabrication des briques.

Certif. d'add. pris le 20 décembre 1848, par la dame *Mazard*, commune de Tartaras, arrondissement de Saint-Etienne (Loire).
(B. du 31 décembre 1847, n. 6959.)

**COMPTEUR.**

(7249. 3 juillet 1848.) Appareil propre à vérifier la régularité des compteurs.

B. de 15 ans, pris le 2 mars 1848, par *Michaud* et comp., à Paris, boulevard Poissonnière, n. 24.

(7592. 16 décembre 1848.) Instrument dit *clef intervallaire* pour la vérification des compteurs à gaz.

B. de 15 ans, pris le 30 septembre 1848, par *Pauwels*, à Paris, rue du Faubourg-Poissonnière, n. 179.

(7602. 20 décembre 1848.) Double compteur propre à être employé entre tous créanciers ou débiteurs.

B. de 15 ans, pris le 21 octobre 1848, par *Duchamp*, mécanicien, rue du Commerce, n. 22, à Lyon (Rhône).

(7745. 24 janvier 1849.) Cadran contrôleur des jeux et applicable à divers autres usages.

B. de 15 ans, pris le 28 novembre 1848, par *Clément*, à Paris, rue d'Aval, n. 18.

Perfectionnements dans les compteurs à gaz.

Certif. d'add. pris le 28 octobre 1848, par *Gray*, représenté par *Truffaut*, à Paris, rue Favart, n. 8.
( B. du 21 septembre 1846, n. 4271.)

**CONFISERIE.**

(7792. 30 janvier 1849.) Machine continue propre à fabriquer les dragées et autres bonbons.

B. de 15 ans, pris le 20 décembre 1848, par *Moulfarine*, mécanicien, à Paris, rue Ménilmontant, n. 62.

**CONSERVATION.**

(7190. 30 juin 1848.) Procédés et appareils propres à la dessiccation et à la conservation des fruits tuberculeux.

B. de 15 ans, pris le 19 février 1848, par *Dembinski*, à Marly-lès-Valenciennes (Nord).

(7729. 16 janvier 1849.) Mode de conservation des substances animales et végétales crues.

B. de 15 ans, pris le 23 novembre 1848, par *Parisse* père, à Clermont (Puy-de-Dôme).

Disposition de boîte à conserve.

Certif. d'add. pris le 19 février 1848, par *Martin de Lignac*, chez *Roux*, à Paris, rue de la Paix, n. 20.
(B. du 19 mai 1847, n. 5630.)

Disposition de boîtes propres à conserver les substances alimentaires.

Certif. d'add. pris le 14 mars 1848, par *Dupas*, à Paris, rue Folie-Méricourt, n. 6.
(B. du 2 décembre 1847, n. 6774.)

**CONSTRUCTION.**

(7449. 9 septembre 1848.) Système de comble circulaire mobile en fer.

B. de 15 ans, pris le 7 août 1848, par *Lesourd*, rue de Neuilly, n. 27, à Clichy (Seine).

(7666. 30 décembre 1848.) Système de voûtes creuses appliqué à la construction des combles et des voûtes de caves.

B. de 15 ans, pris le 16 novembre 1848, par *Berthemail*, entrepreneur, à Paris, rue Basfroid, n. 43.

**CORSET.**

(7647. 21 décembre 1848.) Genre de corset.

B. de 15 ans, pris le 6 novembre 1848, par les demoiselles *Joly*, fabricants de corsets, à Paris, rue Neuve-Saint-Augustin, n. 45.

(7687. 30 décembre 1848.) Fabrication de corsets en toile métallique.

B. de 15 ans, pris le 8 novembre 1848, par *Morelle*, rue de la Gaîté, n. 31, à Montrouge (Seine).

**COSMÉTIQUE.**

(7639. 21 décembre 1848.) Article de toilette.

B. de 15 ans, pris le 31 octobre 1848, par *Este*, à Paris, rue de Berlin, n. 19.

**COULEUR.**

(7484. 7 octobre 1848.) Bleu liquide destiné à colorer le linge, le papier, et à servir d'encre pour écrire.

B. de 5 ans, pris le 29 août 1848, par *Ménard*, à Augers (Maine-et-Loire).

( 7621. 20 décembre 1848.) Application et fixation des couleurs insolubles, soit de nature minérale, sur les tissus de toute nature et sur tous les corps sans exception, par l'emploi du gluten.

B. de 15 ans, pris le 16 octobre 1848, par *Paraf* fils, à Paris, rue du Sentier, n. 20 *bis*.
Add. du 20 novembre 1848.

Procédés de fabrication et de composition de couleurs propres à la peinture.

Certif. d'add. pris le 15 février 1848, par *Leclaire* et *Barruel*, à Paris, rue Saint-Georges, n. 11.
(B. du 15 février 1847, n. 5086.)

**COUPAGE DU PAPIER.**

( 7514. 7 novembre 1848. ) Machine à couper et lisser le papier dite *rogne-lisse*.

B. de 15 ans, pris le 26 août 1848, par *Massiquot*, mécanicien, à Paris, rue Saint-Julien-le-Pauvre, n. 10 et 12.

Machine à couper le papier et le carton.

Certif. d'add. pris le 8 avril 1848, par *Martin*, rue du Commerce, n. 29, à Bercy (Seine).
(B. du 1ᵉʳ mars 1847, n. 5160.)

**COUPE-LÉGUMES.**

(7816. 7 février 1849.) Genre d'instrument propre à couper les légumes dit *coupe-légumes*.

B. de 15 ans, pris le 23 décembre 1848, par *Gauthier de la Touche*, rue des Batignollaises, n. 7, à Batignolles-Monceaux (Seine).

**COUTURE.**

( 7461. 9 septembre 1848. ) Machine à coudre, broder et faire les cordons.

B. de 15 ans, pris le 5 août 1848, par *Thimonnier* et *Magnin*, demeurant le premier à Amplepuis, et le second à Villefranche (Rhône).

**COUVERCLE.**

(7316. 8 août 1848.) Couvercle à bascule pour les encriers et autres objets semblables.

B. de 15 ans, pris le 10 avril 1848, par *Marshall*, représenté par *Monvignier*, à Paris, rue de la Verrerie, n. 7.

**COUVERTURE D'ÉDIFICE.**

(6991. 13 mars 1848.) Genre de couverture de toits en zinc.

B. de 15 ans, pris le 8 janvier 1848, par *Hennequin*, à Paris, rue Neuve-Chabrol, n. 9.

(7068. 5 avril 1848.) Système complet de couverture en tuiles.

B. de 15 ans, pris le 17 janvier 1848, par *Milard*, fabricant de tuiles, à Ménil-Saint-Père (Aube).

(7761. 24 janvier 1849.) Système de couverture des toits en bois.

B. de 15 ans, pris le 11 décembre 1848, par *Pelletier*, à Paris, quai Valmy, n. 139.

Système de couverture en tuiles.

Certif. d'add. pris le 28 janvier 1848, par *Castillon*, couvreur, à Troyes (Aube). (B. du 12 février 1847, n. 5037.)

Système complet de couvertures en tuiles dites *tuiles-écailles*.

Certif. d'add. pris le 8 août 1848, par *Hubaine*, architecte, à Beauvais (Oise). (B. du 9 août 1847, n. 6070.)

**CRACHOIR.**

(7036. 29 mars 1848.) Système de crachoir à pivot, coulisses et bascules.

B. de 15 ans, pris le 14 janvier 1848, par *Rabiot*, à Paris, rue Saint-André-des-Arts, n. 60.

**CRIC.**

(7216. 30 juin 1848.) Cric à vis sans fin.

B. de 10 ans, pris le 16 février 1848, par *Pigneret*, à Savigny-sur-Grône (Saône-et-Loire).

(7444. 9 septembre 1848.) Système de cric mécanique dit *cric à cylindre*.

B. de 15 ans, pris le 7 août 1848, par *Guigue*, au Sault, canton de Lagnieux (Ain).

**CROISÉE.**

(7186. 30 juin 1848.) Système de croisées à fermeture hermétique.

B. de 15 ans, pris le 22 février 1848, par *Ancelin*, à Bar-le-Duc (Meuse).

Système de ferrement applicable aux croisées, contrevents et pièces de charpente.

Certif. d'add. pris le 6 janvier 1848, par *Ormières*, rue de la Course, n. 13, à Bordeaux (Gironde).
(B. du 27 janvier 1847, n. 4924.)

## CUILLER.

(7135. 13 mai 1848.) Procédé de fabrication et de perfectionnement de la cuiller en fer battu.

B. de 15 ans, pris le 3 février 1848, par *Pottecher* et *Brunschwig*, à Bussang (Vosges).

## CUIR ET PEAU.

(7417. 2 septembre 1848.) Procédés relatifs aux différentes industries qui emploient les peaux.

B. pris le 8 juillet 1848, par *Léo de la Peyrouse*, représenté par *Krafft*, à Paris, rue des Martyrs, n. 28.
(B. belge de 15 ans, expirant le 14 décembre 1861.)

(7561. 18 novembre 1848.) Machine propre à mettre les cuirs d'égale épaisseur.

B. de 15 ans, pris le 20 septembre 1848, par *Ruchet* et comp., à Paris, rue Neuve-Popincourt, n. 9.

(7582. 16 décembre 1848.) Machine propre à fendre et dérayer les peaux.

B. de 15 ans, pris le 27 septembre 1848, par *Durand*, mécanicien, à Paris, rue Neuve-Popincourt, n. 11.

(7671. 30 décembre 1848.) Perfectionnements dans le travail des peaux.

B. de 15 ans, pris le 7 novembre 1848, par *Durand*, mécanicien, à Paris, rue Neuve-Popincourt, n. 11.

(7799. 30 janvier 1849.) Machine dite *à margueriter*, pour le travail des cuirs et des peaux.

B. de 15 ans, pris le 14 décembre 1848, par *Rabatté*, mécanicien, à Paris, rue Folie-Méricourt, n. 20.

## CUIR FACTICE.

(7161. 2 juin 1848.) Genre de préparation des toiles vernies pour remplacer le cuir dans plusieurs de ses applications.

B. de 15 ans, pris le 9 février 1848, par *Dida*, à Paris, rue Vivienne, n. 20.

**CUIRASSE.**

(7545. 18 novembre 1848.) Cuirasse sous vêtement à l'usage de la garde nationale et autres troupes.

B. de 15 ans, pris le 3 octobre 1848, par *Giraud*, limonadier, à Saint-Bel (Rhône).

**CUISINE.**

(7314. 8 août 1848.) Potager en fonte de fer à deux et à six marmites, dit *à chaleur renversée.*

B. de 15 ans, pris le 26 avril 1848, par *Legrand*, à Fallon (Haute-Saône).

(7388. 18 août 1848.) Appareil culinaire utilisant directement l'eau de mer pour la cuisson des aliments.

B. de 15 ans, pris le 8 juin 1848, par *Schlatter* et *Schlageder*, à Paris, rue Saint-Nicolas-Saint-Antoine, n. 22.

(7612. 20 décembre 1848.) Cuisinière de navire avec appareil pour distiller l'eau de mer.

B. de 15 ans, pris le 21 octobre 1848, par *Lagache*, sténographe, à Paris, rue de Grenelle-Saint-Germain, n. 64.

**CUIVRAGE.**

(7724. 16 janvier 1849.) Mode de cuivrer le fer.

B. de 15 ans, pris le 8 novembre 1848, par *Maré*, ferblantier-plombier, quai de la Fosse, n. 44, à Nantes (Loire-Inférieure).

# D

## DÉCORTICATION.

(7231. 3 juillet 1848.) Meule verticale destinée à monder et glacer le riz, et décortiquer les légumes secs.

B. de 15 ans, pris le 8 mars 1848, par *Demeuse*, à Épinay-sur-Orge (Seine-et-Oise).

## DÉCOUPAGE.

(7771. 30 janvier 1849.) Procédé propre à faciliter la division des feuilles ou morceaux de papier, parchemin ou autres substances semblables.

B. pris le 14 décembre 1848, par *Archer*, de Londres, représenté par *Perpigna*, à Paris, rue Neuve-Saint-Augustin, n. 10.
( Patente anglaise de 14 ans, expirant le 23 novembre 1862.)

## DÉFRICHEMENT.

(7623. 20 décembre 1848.) Procédé chimique propre à la destruction des palmiers nains.

B. de 15 ans, pris le 20 octobre 1848, par *de Saint-Quentin*, fabricant de produits chimiques, à Paris, rue Saint-Pierre-Montmartre, n. 15.

## DÉGRAISSAGE.

(7693. 30 décembre 1848.) Dégraissage, lavage et séchage des matières filamenteuses, et principalement des laines.

B. de 15 ans, pris le 17 novembre 1848, par *Pradine* et comp., manufacturiers, rue du Cloître, n. 7, à Reims (Marne).

## DENTELLE.

(7152. 2 juin 1848.) Imitation de valenciennes.

B. de 15 ans, pris le 11 février 1848, par *Black*, représenté par *Perpigna*, à Paris, rue Neuve-Saint-Augustin, n. 10.

Système de fonds et de broderies applicable à tous les tulles, etc.

Certif. d'add. pris le 28 janvier 1848, par *Herbelot* et *Genet-Dufay*, représentés par *Perpigna*, à Paris, rue Neuve-Saint-Augustin, n. 10.
(B. du 5 novembre 1847, n. 6674.)

DÉSINFECTION, *v.* ENGRAIS.

(6995. 13 mars 1848.) Perfectionnements aux procédés de séparation et de désinfection des matières fécales.

B. de 15 ans, pris le 8 janvier 1848, par *Legras* et *Luchaire*, à Paris, rue de la Fidélité, n. 15.
Add. du 1ᵉʳ février 1848.

(7466. 7 octobre 1848.) Appareil opérant la séparation et la désinfection des matières fécales.

B. de 15 ans, pris le 19 août 1848, par *Debacq*, à Paris, rue des Petites-Ecuries, n. 7.

(7594. 16 décembre 1848.) Appareil dit *séparateur*, propre à séparer les matières solides des matières liquides et à les désinfecter.

B. de 15 ans, pris le 30 septembre 1848, par *de Suarce*, à Paris, rue Saint-Lazare, n. 20.

(7609. 20 décembre 1848.) Procédés pour la dépuration des matières fécales et pour leur désinfection séparée.

B. de 15 ans, pris le 20 octobre 1848, par *Herbin*, à Paris, rue des Grands-Augustins, n. 20.
Add. du 15 décembre 1848.

(7692. 30 décembre 1848.) Procédé de séparation et de désinfection des matières fécales.

B. de 15 ans, pris le 7 novembre 1848, par *Post*, inspecteur de chemins de fer, à Paris, rue du Faubourg-Saint-Denis, n. 173 *bis*.
Add. du 22 décembre 1848.

(7706. 16 janvier 1849.) Désinfection des matières fécales et de toute autre matière infecte, et conservation des engrais azotés.

B. de 15 ans, pris le 22 novembre 1848, par *Becquet*, à Paris, rue Blanche, n. 6.

Appareil de désinfection.

Certif. d'add. pris le 11 février 1848, par *Dramard*, à Paris, rue du Faubourg-Poissonnière, n. 46.
(B. du 12 août 1846, n. 4040.)

**DESSÉCHEMENT.**

(7111. 13 mai 1848.) Mode de desséchement et d'assainissement des marais.

B. de 15 ans, pris le 25 janvier 1848, par *Haüy*, rue des Quatre-Dauphins, n. 9, à Aix (Bouches-du-Rhône).

**DESSICCATION, *v.* SÉCHAGE.**

**DESSIN, *v.* GRAVURE, LITHOGRAPHIE, PEINTURE.**

**DESSIN SUR VERRE.**

(7578. 16 décembre 1848.) Procédé propre à remplacer le verre dépoli, gravé et peint.

B. de 15 ans, pris le 28 septembre 1848, par *Debruel*, peintre en bâtiments, à Paris, rue du Faubourg-Montmartre, n. 8.

**DISTILLATION.**

(7683. 30 décembre 1848.) Procédés de distillation simultanée du bois et du goudron.

B. de 15 ans, pris le 17 novembre 1848, par *Lacarrière*, à Paris, rue de Vendôme, n. 2.

**DIVISION DU TEMPS, *v.* CHEMIN DE FER.**

**DORURE.**

(7648. 21 décembre 1848.) Procédé de dorure et d'argenture sur tous métaux par simple immersion.

B. de 15 ans, pris le 11 novembre 1848, par *Landois*, à la Bouchère, commune de Gilles-sur-Vie (Vendée).

(7681. 30 décembre 1848.) Réduction et application de divers métaux, et perfectionnements des procédés de dorure et d'argenture.

B. de 15 ans, pris le 17 novembre 1848, par *Junot de Bussy*, chimiste, rue de la Fontaine, n. 13, à Auteuil (Seine).

**DOS ÉLASTIQUE.**

(7762. 24 janvier 1849.) Genre de dos élastique applicable à la fabrication de divers produits industriels.

B. de 15 ans, pris le 28 novembre 1848, par *Schloss*, fabricant, à Paris, rue Chapon, n. 15.

**DRAGAGE.**

( 7544. 18 novembre 1848. ) Système de couteaux ou pioches appliqué à la lanterne inférieure d'une chaîne à godets de machine à draguer.

B. de 15 ans, pris le 23 septembre 1848, par *Genin*, mécanicien, à Paris, rue Bourbon-Villeneuve, n. 53.

**DRAGÉE.**

(7142. 13 mai 1848. ) Machine propre à fabriquer les dragées.

B. de 15 ans, pris le 26 janvier 1848, par *Saulnier*, mécanicien, à Paris, rue Saint-Ambroise, n. 5.

Machine à fabriquer les dragées.

Certif. d'add. pris le 8 décembre 1848, par *Gossot-Fauleau*, confiseur, représenté par *Régnault*, rue du Commerce, à Nevers (Nièvre).
(B. du 6 mai 1846, n. 3456.)

**DRAP** (machine à garnir le).

(7179. 2 juin 1848.) Système de machine à plateaux rotatifs destinée à garnir les draps, etc.

B. de 15 ans, pris le 12 février 1848, par *Raulin*, à Sedan (Ardennes).

**DRAP FEUTRÉ.**

(7050. 5 avril 1848.) Procédés mécaniques propres à la fabrication de draps feutrés et de feutres-cônes pour pianos.

B. de 15 ans, pris le 18 janvier 1848, par *Fortin-Bouteillier*, élisant domicile chez *Armengaud* aîné, à Paris, rue Saint-Sébastien, n. 19.

# E

ÉCLAIRAGE.

(7033. 29 mars 1848.) Appareil destiné à faciliter l'emploi de la lumière obtenue par l'électricité voltaïque.

B. de 15 ans, pris le 14 janvier 1848, par *Petrie*, représenté par *Gaigneau*, à Paris, rue Notre-Dame-des-Victoires, n. 26.

(7044. 5 avril 1848.) Système d'éclairage dit *système Ador*.

B. de 15 ans, pris le 22 janvier 1848, par *Ador*, à Paris, rue du Faubourg-Montmartre, n. 42, passage des Deux-Sœurs, n. 10.

(7140. 13 mai 1848.) Mode d'éclairage.

B. de 15 ans, pris le 31 janvier 1848, par *Rousseau (Emile-Pierre* et *Jean)*, chimistes, à Paris, rue de l'Ecole-de-Médecine, n. 9.

(7246. 3 juillet 1848.) Perfectionnements dans les appareils et procédés de traitement des schistes et des houilles pour en extraire des liquides propres à l'éclairage.

B. de 15 ans, pris le 19 février 1848, par *de Lisle de Sales*, à Paris, boulevard Mont-Parnasse, n. 33.

(7377. 18 août 1848.) Liquide propre à l'éclairage.

B de 15 ans, pris le 12 juin 1848, par *Hetrel* et *le Blond*, à Paris, rue Mazagran, n. 15.

(7589. 16 décembre 1848.) Liquide propre à l'éclairage, dit *eau électrogalvanique*, et galvanisation de toute espèce de liquides propres à l'éclairage.

B. de 15 ans, pris le 11 octobre 1848, par *Neuburger*, fabricant de lampes, à Paris, rue Vivienne, n. 4.

(7626. 20 décembre 1847.)
Application de divers mélanges
gazeux à l'éclairage.

B. de 15 ans, pris le 14 octobre 1848,
par *Spooner*, chimiste, chaussée de la
Muette, n. 7, à Passy (Seine).

(7651. 21 décembre 1847.)
Appareil dit *appareil Moinau*,
propre à limiter à volonté la
durée de la bougie, pour les
personnes qui lisent au lit.

B. de 15 ans, pris le 26 octobre 1848,
par *Moinau*, chez *Turbour*, à Paris, rue
Montmartre, n. 177.

(7633. 21 décembre 1848.)
Application à l'éclairage des
huiles pyrogénées minérales,
rectifiées ou non, végétales ou
animales, épurées ou non.

B. de 15 ans, pris le 4 novembre 1848,
par *Buisson*, pharmacien, rue Louis-le-
Grand, n. 1, à Lyon (Rhône).

Procédés et appareils propres
à l'éclairage et au chauffage.

Certif. d'add. pris le 9 mai 1848, par
*Tribouillet*, élisant domicile rue de
Courtrai, à Turcoing (Nord).
(B. du 27 septembre 1845, n. 2213.)

ÉDUCATION.

(7253. 3 juillet 1848.) Appareil dit *chiroplaste*, propre à di-
riger les doigts et la main dans
l'écriture.

B. de 15 ans, pris le 6 mars 1848, par
*Porcher*, *Botzum* et *Gaurion*, à Paris,
rue des Jeûneurs, n. 12.

(7453. 9 septembre 1848.)
Méthode consistant dans des
types en creux propres à ap-
prendre à écrire.

B. de 15 ans, pris le 31 juillet 1848,
par *Minair*, représenté par *Armengaud*
jeune, à Paris, rue des Filles-du-Calvaire,
n. 6.

EFFILOCHAGE.

Perfectionnements dans les
machines à effiler, détisser, etc.

Certif. d'add. pris le 16 septembre
1848, par *Perrin* frères et comp., représentés par *Armengaud* aîné, à Paris, rue
Saint-Sébastien, n. 19.
(B. du 22 octobre 1847, n. 6574.)

ÉMAIL ET ÉMAILLAGE.

(7676. 30 décembre 1848.)
Application de l'émaillage à
la fabrication de boîtes, enveloppes ou carcasses de lampes
de tout système.

B. de 15 ans, pris le 9 novembre 1848,
par *Grandsir*, quincaillier, à Paris, rue
d'Anjou, au Marais, n. 4.

(7718. 16 janvier 1849.) Application de l'émaillage aux tuyaux de fer, etc.

B. de 15 ans, pris le 23 novembre 1848, par *Jacquemin*, chez *Marti* et comp., à Paris, rue d'Orléans, n. 1, au Marais.

(7717. 16 janvier 1849.) Application de l'émaillage à la fabrication de la vaisselle en fer battu, etc.

B. de 15 ans, pris le 23 novembre 1848, par *Jacquemin*, chez *Marti* et comp., à Paris, rue d'Orléans, n. 1, au Marais.

(7716. 16 janvier 1849.) Application de l'émaillage à la fabrication, en tôle de fer, des tableaux indicateurs des rues, etc.

B. de 15 ans, pris le 23 novembre 1848, par *Jacquemin*, chez *Marti* et comp., à Paris, rue d'Orléans, n. 1, au Marais.

**EMBALLAGE.**

Système d'emballage de statues, etc.

Certif. d'add. pris le 29 janvier 1848, par *Cotel*, layetier-emballeur, à Paris, place du Louvre, n. 28.
(B. du 4 mai 1847, n. 5557.)

**EMBOUTISSAGE.**

(7558. 18 novembre 1848.) Machine à emboutir toute espèce de tubes, sans soudure, pour chaudières, machines, tuyauteries, etc.

B. de 15 ans, pris le 25 septembre 1848, par *Palmer*, mécanicien-tréfileur, à Paris, rue Montmorency, n. 16.

**ENCRE.**

(7506. 7 novembre 1848.) Encre d'imprimerie délébile.

B. de 15 ans, pris le 25 août 1848, par *Didot*, chimiste, à Paris, rue Jacob, n. 34.

**ENCRIER.**

(7156. 2 juin 1848.) Perfectionnement dans la fabrication des encriers.

B. de 15 ans, pris le 11 février 1848, par *Coiffier*, à Paris, rue Aumaire, n. 9.

**ENDUIT.**

(7524. 7 novembre 1848.) Enduit spécialement propre à prévenir et à réparer les effets de l'humidité sur la pierre, le plâtre, les bois, les métaux, etc.

B. de 15 ans, pris le 26 août 1848, par *de Ruolz*, chimiste, à Paris, rue Saint-Louis-en-l'Ile, n. 98.

**ENGRAIS, *v*. DÉSINFECTION.**

**(7210. 30 juin 1848.)** Composition d'engrais dont tous les éléments concourent à favoriser la végétation, dits *engrais zoofimes*.

B. de 15 ans, pris le 15 février 1848, par *de Molon*, chez *Morelle*, rue de la Gaîté, n. 3, barrière Mont-Parnasse, *extra muros* (Seine).

**(7378. 18 août 1848.)** Système d'engrais.

B. de 15 ans, pris le 30 juin 1848, par *Jauffret*, rue Longue-des-Capucins, n. 16, à Marseille (Bouches-du-Rhône).

**(7535. 18 novembre 1848.)** Engrais dit *creton*.

B. de 15 ans, pris le 5 octobre 1848, par *Bernard*, à Quehenec, commune de Vertou (Loire-Inférieure).

**(7604. 20 décembre 1848.)** Perfectionnements dans la fabrication des engrais.

B. pris le 14 octobre 1848, par *Gill*, de Londres, représenté par *Truffaut*, à Paris, rue de Grammont, n. 17.
(Patente anglaise de 14 ans, expirant le 8 avril 1862.)

**(7789. 30 janvier 1849.)** Procédés pour utiliser les eaux vannes des voiries et des fosses d'aisances.

B. de 15 ans, pris le 19 décembre 1848, par *Mallet*, fabricant de produits chimiques, rue de Flandre, n. 121, à la Villette (Seine).

Procédé de fabrication inodore des engrais provenant des matières fécales et des matières animales.

Certif. d'add. pris le 16 août 1848, par *Dupaigne*, rue de l'Oratoire, à Caen (Calvados).
(B. du 29 octobre 1846, n. 4479.)
Autre add. du 14 octobre 1848.

Composition d'un genre d'engrais.

Certif. d'add. pris le 12 septembre 1848, par *Lacarrière*, à Paris, rue de Vendôme, n 2.
(B. du 8 octobre 1847, n. 6471.)

Procédé de fabrication d'engrais fait d'azote.

Certif. d'add. pris le 15 juillet 1848, par *Barrière* et fils aîné, impasse du Vieux-Marché, 8, à Bordeaux (Gironde).
(B. du 26 octobre 1847, n. 6524.)

**ENGRENAGE.**

**(7344. 17 août 1848.)** Machine propre à engrener et désengrener les pignons, sans arrêter le moteur principal.

B. de 15 ans, pris le 20 mai 1848, par *Mauzaize*, à Chartres (Eure-et-Loir).

**ENRAYAGE, v. CHEMIN DE FER.**

(7139. 13 mai 1848.) Appareil propre à empêcher les déraillements des locomotives et waggons, à arrêter un convoi lancé à toute vitesse, à moins de 50 mètres, sans aucun danger, et à arrêter une locomotive partie seule (sans conducteur).

B. de 15 ans, pris le 5 février 1848, par *Rosay*, chez Cousture, à Paris, rue des Champs-Elysées, n. 9.

(7362. 18 août 1848.) Système de frein applicable aux voitures des chemins de fer.

B. de 15 ans, pris le 9 juin 1848, par *Barker* et *Ducroquet*, à Paris, rue de Provence, n. 46.

(7397. 2 septembre 1848.) Appareil dit *char protecteur*, propre à prévenir les accidents sur les chemins de fer.

B. de 15 ans, pris le 7 juillet 1848, par *de Bergue*, représenté par *Gaigneau*, à Paris, rue Notre-Dame-des-Victoires, n. 26.

(7445. 9 septembre 1848.) Moyens de manœuvrer et d'appliquer les freins à frottement sur les roues des locomotives et voitures de chemins de fer.

B. pris le 5 août 1848, par *Heath*, de Manchester, représenté par *Perpigna*, à Paris, rue Neuve-Saint-Augustin, n. 10.
(Patente anglaise de 14 ans, expirant le 13 janvier 1862.)

**ÉPINGLE.**

(7600. 20 décembre 1848.) Système de meules pour empointer les épingles.

B. de 15 ans, pris le 25 octobre 1848, par *Coates*, de Londres, représenté par *Perpigna*, à Paris, rue Neuve-Saint-Augustin, n. 10.
Add. du 3 novembre 1848.

(7610. 20 décembre 1848.) Machine propre à bouter les épingles.

B. de 15 ans, pris le 25 octobre 1848, par *Huet* et *Geyler*, à Paris, rue de la Rochefoucauld, n. 15.

**ÉPUISEMENT.**

(7386. 18 août 1848.) Appareil à vapeur dit *locomobile*, devant servir aux épuisements.

B. de 10 ans, pris le 6 juillet 1848, par *Roche*, quai des Constructions, n. 18, à Nantes (Loire-Inférieure).

**ÉQUIPEMENT.**

(7301. 8 août 1848.) Moyen de suspension des ceinturons porte-giberne.

B. de 15 ans, pris le 25 mars 1848, par *Charrière*, à Paris, rue de l'Ecole-de-Médecine, n. 6.
Add. du 4 avril 1848.

( 7322. 8 août 1848.) Application du caoutchouc à la fabrication des buffleteries.

B. de 15 ans, pris le 25 mars 1848, par *Tintillier*, à Paris, rue des Fossés-Montmartre, n. 11.

(7303. 8 août 1848.) Fourreau propre à toute espèce d'armes blanches.

B. de 15 ans, pris le 15 avril 1848 , par *de Courchant*, à Paris, rue Buffault, n. 21.

(7306. 8 août 1848.) Ceinture élastique.

B. de 15 ans, pris le 18 avril 1848, par *Gaudard* et *Morelle* , à Paris, rue de la Grande-Truanderie, n. 52.

(7270. 12 juillet 1848.) Application de la peau vernie à la confection de la coiffure militaire dite *képy*, ou de toute autre coiffure.

B. de 15 ans, pris le 11 mai 1848, par *Guillois* et comp. , représentés par *Chabry*, à Paris, rue Montmartre, n. 76.

( 7341. 17 août 1848. ) Système de passant à excentrique destiné aux plaques et agrafes de ceinturons.

B. de 15 ans, pris le 23 mai 1848, par *Labat*, à Paris , rue Lafayette , n. 28.
Add. du 3 août 1848.

(7383. 18 août 1848.) Genre de porte-ceinturon.

B. de 15 ans, pris le 12 juin 1848, par *Nové* , à Paris , rue du Faubourg-Saint-Martin, n. 118.

( 7414. 2 septembre 1848. ) Fourreau de sabre ou d'épée réductible.

B. de 15 ans, pris le 11 juillet 1848, par *Jay*, à Paris, rue Vivienne, n. 53.
Add. du 4 octobre 1848.

(7480. 7 octobre 1848.) Genre de porte-ceinturon à coulisse et à bouton , sans bretelle.

B. de 15 ans, pris le 14 août 1848, par *Maillot*, mécanicien, à Paris, rue Montmorency, n. 44.

(7510. 7 novembre 1848.) Genre de ceinturon dit *porte-faix*.

B. de 15 ans, pris le 28 août 1848, par *Gillet*, ferblantier-lampiste. à Paris, rue du Port-Mahon, n. 16.

(7624. 20 décembre 1848.) Genre d'épaulettes.

B. de 15 ans, pris le 16 octobre 1848, par *Sestier*, passementier, à Paris, rue Saint-Sauveur, n. 24 et 26.
Add. du 8 novembre 1848.

**ESSIEU, v. BOITE DE ROUE, VOITURE.**

(7028. 29 mars 1848.) Perfectionnements au système d'essieux à fusée mobile.

B. de 15 ans, pris le 15 janvier 1848, par *Larouzière*, et comp., à Paris, rue du Regard, n. 7.

(7430. 9 septembre 1848.) Essieu brisé, tournant, se prêtant à tous les contours de route et applicable à toute espèce de voitures.

B. de 15 ans, pris le 11 août 1848, par *Berlier*, à Rive-de-Gier (Loire).

(7486. 7 octobre 1848.) Perfectionnements dans la fabrication des boîtes à essieux et dans la manière de les graisser.

B. pris le 23 août 1848, par *Normanville*, représenté par *Merle*, à Paris, rue Vivienne, n. 9.
(Patente anglaise de 14 ans, expirant le 2 mai 1862.)
Add. du 22 décembre 1848.

(7507. 7 novembre 1848.) Système d'essieux et boîtes de roues.

B. de 15 ans, pris le 12 septembre 1848, par *Duboys*, architecte, rue d'Egypte, n. 2, à Lyon (Rhône).
Deux add. des 10 et 30 octobre 1848.

(7727. 16 janvier 1849.) Essieu dit *essieu brisé*.

B. de 15 ans, pris le 24 novembre 1848, par *Michelot*, rue Porte-d'Ouche, n. 52, à Dijon (Cote-d'Or).

Système d'essieu de voitures.

Certif. d'add. pris le 4 avril 1848, par *Rastouin*, à Blois (Loir-et-Cher).
(B. du 6 avril 1847, n. 5367.)

Procédé de fabrication des essieux en fer corroyé pour voitures, waggons, tenders, etc.

Certif. d'add. pris le 11 janvier 1848, par *Grand*, maître de forges, chez *Bavoux*, place de la Préfecture, n. 14, à Lyon (Rhône).
(B. du 12 novembre 1847, n. 6671.)
Autre add. du 15 novembre 1848.

**ESTAMPAGE.**

(7099. 13 mai 1848.) Perfectionnements apportés aux machines à découper, à estamper, etc., et nouvelles applications de ces machines.

B. de 15 ans, pris le 29 janvier 1848, par *Coustellier*, découpeur d'éventails, à Paris, rue de la Rotonde-du-Temple, n. 12.

### ÉTAMAGE DE GLACE.

(7255. 3 juillet 1848.) Procédé d'étamage des glaces, miroirs, verres, etc.

B. de 15 ans, pris le 21 février 1848, par *Ricou* et *Blanc*, à Paris, rue Martel, n. 10.

(7390. 18 août 1848.) Système de réparation de l'étamage des glaces.

B. de 15 ans, pris le 22 juin, 1848, par les sieurs *Thomas*, chez *Rossel*, à Paris, rue de Clichy, n. 53.

(7780. 30 janvier 1849.) Perfectionnements dans l'étamage à l'argent des glaces et autres surfaces.

B. pris le 19 décembre 1848, par *Drayton*, représenté par *Truffaut*, à Paris, rue de Grammont, n. 17.
( Patente anglaise de 14 ans, expirant le 4 décembre 1862.)

### ÉTAU.

(7305. 8 août 1848.) Perfectionnements apportés dans la construction des étaux.

B. de 15 ans, pris le 27 mars 1848, par *Decoster*, à Paris, rue Stanislas, n. 9.

( 7725. 16 janvier 1849. ) Amélioration apportée dans les étaux.

B. de 15 ans, pris le 8 novembre 1848, par *Masson*, rue de Bourbon, n. 27, à Lyon (Rhône).

Étau parallèle propre au travail des métaux.

Certif. d'add. pris le 8 mars 1848, par *Pot*, à Paris, rue Grange-aux-Belles. n. 7 *bis*.
(B. du 29 mars 1847, n. 5327.)

Système d'étau parallèle.

Certif. d'add. pris le 13 avril 1848, par *Loiseau*, à Paris, rue Stanislas, n. 9.
(B. du 4 mai 1847, n. 5625.)

### ÉVAPORATION.

(7076. 5 avril 1848.) Appareil propre à opérer l'évaporation continue dans le vide.

B. de 15 ans, pris le 20 janvier 1848, par *Varillat*, chez *Vasserot*, à Paris, rue Saint-Pierre-Popincourt, n. 1.

(7319. 8 août 1848.) Perfectionnements aux appareils propres à l'évaporation des liquides, dits *prompt évaporateur Peigue*.

B. de 15 ans, pris le 10 avril 1848, par *Peigue*, à Paris, rue Rambuteau, n. 13 et 15.

**EXPLOSIVE** ( substance ), *v.* **POU-DRE A CANON.**

**EXPOSITION** (mode d').

(7067. 5 avril 1848.) Mode d'exposition de certains objets, dessins et inscriptions à ornements.

B. de 15 ans, pris le 18 janvier 1848, par *Merle*, à Paris, rue Vivienne, n. 18.

# F

**FAUCHAGE ET FAUX.**

(7423. 2 septembre 1848.) Instrument à battre les faux et les faucilles.

B. de 15 ans, pris le 17 juillet 1848, par *Perney*, à Luxeuil (Haute-Saône).

**FÉCULE.**

(7812. 7 février 1849.) Appareil à extraire et blanchir les fécules et amidons, ou autres matières analogues, par dépôt continu.

B. de 15 ans, pris le 27 décembre 1848, par *Bugnot-Colladon* et *Langlois*, négociants, rue Neuve, n. 38, à Besançon (Doubs).

**FERMETURE.**

(7021. 29 mars 1848.) Disposition de plinthe mobile propre à faire fermer hermétiquement toutes les portes.

B. de 15 ans, pris le 11 janvier 1848, par *Dubois*, menuisier, à Paris, rue de Bretagne, n. 41.

Divers systèmes de fermeture de portes, fenêtres, devantures, etc.

**FERMOIR.**

(**7013. 29 mars 1848.**) Système de fermeture dite *fermeture Boucheron*, applicable aux sacs de voyage, aux cabas, aux gibecières, etc.

Certif. d'add. pris le 28 janvier 1848, par *André*, mécanicien, élisant domicile chez *Armengaud* jeune, à Paris, rue des Filles-du-Calvaire, n. 6.
(B. du 19 novembre 1847, n. 6695.)

B. de 15 ans, pris le 14 janvier 1848, par *Boucheron* fils, serrurier, à Paris , rue du Parc-Royal, n. 1.

(**7540. 18 novembre 1848.**) Fermeture de fermoir applicable au porte-monnaie , porte-cigare, etc.

B. de 15 ans, pris le 22 septembre 1848 , par *Denisard*, polisseur d'acier, route de Choisy, n. 15, à Ivry (Seine).

**FERRONNERIE.**

(**7300. 8 août 1848.**) Tourniquet servant à arrêter les persiennes et contrevents, dit *tourniquet à bec de cane*.

B. de 5 ans , pris le 6 mai 1848 , par *César*, rue de la Hache, n. 88 , à Nancy (Meurthe).

**FEUTRE.**

(**7765. 24 janvier 1849.**) Machine propre à la fabrication des feutres et autres étoffes.

B. de 15 ans , pris le 29 novembre 1848 , par *Tavernier* et *Courtois*, à Paris, rue de Courcelles, n. 36.

**FILAMENTEUSE** (matière).

Machine dite *parfait épurateur*, destinée à préparer les cotons et autres matières filamenteuses.

Certif. d'add. pris le 30 mai 1848, par *Risler*, chez *Armengaud* aîné, à Paris, rue Saint-Sébastien, n. 19.
(B. du 31 mai 1847, n. 5719.)

**FILATURE , *v.* TISSAGE.**

(**7175. 2 juin 1848.**) Application des moyens propres à faire mouvoir les broches par engrenages , sans cordes ni ficelles, sur toute espèce de métiers à filer.

B. de 15 ans , pris le 8 février 1848 , par *Müller* fils, à Thann (Haut-Rhin).
Deux add. des 18 février et 7 décembre 1848.

(7263. 12 juillet 1848.) Système de filature.

B. de 15 ans, pris le 10 mars 1848, par *Busson*, à Paris, rue du Faubourg-Saint-Denis, n. 189.

(7321. 8 août 1848.) Système de travail pour la filature des laines.

B. de 15 ans, pris le 20 avril 1848, par *Senlis* père et fils et comp., rue du Cloître, n. 3, à Reims (Marne).

(7392. 18 août 1848.) Système de retorderie.

B. de 15 ans, pris le 22 juin 1848, par *Vitrou*, chez *Piquenot*, à Paris, rue Saint-Denis, n. 257, passage du Renard.
Add. du 18 novembre 1848.

(7492. 7 octobre 1848.) Chevillage, par des machines, des fils retors de lin, de coton, etc.

B. de 15 ans, pris le 14 août 1848, par *Soins* père et fils, représentés par *Soins*, docteur en médecine, à Paris, rue Bleue, n. 33.

(7467. 7 octobre 1848.) Perfectionnements dans les machines à filer et à dévider la laine.

B. pris le 18 août 1848, par *Dodge*, représenté par *Truffaut*, à Paris, rue Favart, n. 8.
(Patente anglaise de 14 ans, expirant le 27 septembre 1861.)

(7479. 7 octobre 1848.) Perfectionnements aux machines ou appareils propres à la préparation et au filage du coton, de la laine, de la soie, du lin et d'autres matières filamenteuses.

B. pris le 24 août 1848, par *Mac-Lardy* et *Lewis*, représentés par *Perpigna*, à Paris, rue Neuve-Saint-Augustin, n. 10.
(Patente anglaise de 14 ans, expirant le 9 mai 1862.)

(7501. 7 novembre 1848.) Améliorations apportées à la filature.

B. de 15 ans, pris le 11 septembre 1848, par *Cuignet*, négociant, à Armentières (Nord).

(7618. 20 décembre 1848.) Application du système au mouillé, à la filature du coton, de la laine et d'autres matières filamenteuses, avec l'emploi du caoutchouc vulcanisé, du gutta-percha, etc.

B. de 15 ans, pris le 16 octobre 1848, par *Motte-Bossut*, chez *Armengaud* aîné, à Paris, rue Saint-Sébastien, n. 19.

(7810. 7 février 1849.) Machine à contrôler la soie, la laine, le coton, etc.

B. de 15 ans, pris le 28 décembre 1848, par *Birraux*, rue Mulet, n. 13, à Lyon (Rhône).

Moyen de renvidage appliqué aux machines dites *bancs à broches*.

Certif. d'add. pris le 19 janvier 1848, par *Müller*, mécanicien, à Thann (Haut-Rhin)
(B. du 21 janvier 1847, n. 4922.)

Mécanique à canettes à dérouler.

Certif. d'add. pris le 7 décembre 1848, par *Noël*, mécanicien, rue des Pierres-Plantées, n. 10, à Lyon (Rhône).
(B. du 5 février 1847, n. 5021.)

Machine à calibrer, etc.

Certif. d'add. pris le 15 janvier 1848, par *Pinel*, représenté par *Armengaud* aîné, à Paris, rue Saint-Sébastien, n. 19.
(B. du 4 octobre 1847, n. 6500.)

**FILET.**

(**7595. 16 décembre 1848.**) Appareil dit *filet-parachute*, propre à conserver la vie des hommes occupés sur les échafaudages de constructions.

B. de 15 ans, pris le 3 octobre 1848, par *Tellier*, filateur, élisant domicile à Paris, rue et hôtel Coq-Héron.

**FILET DE PÊCHE.**

(**7222. 30 juin 1848.**) Métier destiné à la fabrication, à la mécanique, de filets de pêche par rangées, au moyen d'un seul fil et constituant le véritable nœud de pêcheur.

B. de 15 ans, pris le 21 février 1848, par *Triaire* et *François Bertrand* et comp., à Ganges (Hérault).

**FILTRATION.**

(**7143. 13 mai 1848.**) Système de filtration continue.

B. de 15 ans, pris le 2 février 1848, par *de Sélincourt*, à Paris, rue Moreau, n. 3, faubourg Saint-Antoine.

**FLAMBEAU.**

Système de flambeaux permettant d'avoir la flamme d'une ou plusieurs bougies toujours à la même hauteur.

Certif. d'add. pris le 3 avril 1848, par *Binet*, à Paris, rue Rochechouart, n. 40.
(B. du 24 août 1847, n. 6184.)

**FLEUR ARTIFICIELLE.**

(7077. 5 avril 1848.) Système de reproduction artificielle des plantes.

B. de 15 ans, pris le 20 janvier 1848, par la dame *Veny*, à Paris, rue des Postes, n. 37.

(7308. 8 août 1848.) Procédé de fabrication et genre de fleurs artificielles en verre.

B. de 15 ans, pris le 30 mars 1848, par la veuve *Grandjean*, à Paris, rue Saint-Dominique-Saint-Germain, n. 146.

**FORAGE.**

Machine dite *aiguille rotative* et à percussion, pour le forage des trous de mines.

Certif. d'add. pris le 2 septembre 1848, par *Reynard-Lespinasse*, négociant, à Avignon (Vaucluse).
(B. du 30 avril 1847, n. 5536.)

**FORME A SUCRE.**

(7264. 12 juillet 1848.) Procédé mécanique propre à conserver la peinture intérieure des formes à sucre métalliques.

B. de 15 ans, pris le 16 mars 1848, par *Charlet*, rue d'Angleterre, n. 81, à Lille (Nord).

(7491. 7 octobre 1848.) Perfectionnements dans la fabrication des formes à sucre.

B. de 15 ans, pris le 21 août 1848, par *Rauch*, à Paris, rue de la Roquette, n. 55.

**FOSSE D'AISANCES, *v.* DÉSINFECTION.**

Système de vidange.

Certif. d'add. pris le 22 janvier 1848, par *Rival*, entrepreneur de vidange, rue Port-Charlet, n. 27, à Lyon (Rhône).
(B. du 10 août 1846, n. 4053.)

**FOUR.**

(7008. 13 mars 1848.) Modifications apportées dans la construction des fours à coke et dans la manière d'obtenir le coke.

B. de 15 ans, pris le 3 janvier 1848, par *York*, à Tours, élisant domicile chez *Merle*, à Paris, rue Vivienne, n. 18.

(7018. 29 mars 1848.) Perfectionnements aux fours à cuire le plâtre.

B. de 15 ans, pris le 12 janvier 1848, par *Coqueret*, serrurier, Grande Rue, n. 39, à Pantin (Seine).

(7075. 5 avril 1848.) Système de four à chaux marchant par la combustion des gaz des fours à coke, dit *système Triquet*.

B. de 15 ans, pris le 20 janvier 1848, par *Triquet*, représenté par *Armengaud* aîné, à Paris, rue Saint-Sébastien, n. 19.

(7236. 3 juillet 1848.) Fourneau destiné à la cuisson des plâtres.

B. de 15 ans, pris le 3 mars 1848, par *Duru*, à Presles (Seine-et-Oise).

(7699. 30 décembre 1848.) Système de four propre à cuire le pain, la pâtisserie.

B. de 15 ans, pris le 13 novembre 1848, par *de Suarce*, à Paris, rue Saint-Lazare, n. 20.

(7779. 30 janvier 1849.) Système de four double, fixe ou portatif, applicable à l'armée, à la marine, à la colonisation, à la boulangerie, à la pâtisserie, etc., etc.

B. de 15 ans, pris le 16 décembre 1848, par *Demotte*, fabricant tôlier, à Paris, rue Chabrol, n. 38.

(7814. 7 février 1849.) Mode économique de construction de fours à chaux, briques et tuiles.

B. de 15 ans, pris le 27 décembre 1848, par *Daleth*, tuilier, à Asswiller (Bas-Rhin).

Four circulaire à suspension, etc.

Certif. d'add. pris le 19 octobre 1848, par *Covlet*, mécanicien, rue Saint-Laurent, n. 18, à Belleville (Seine).
(B. du 13 juin 1846, n. 3733.)

Four à cuire le pain au charbon de terre, dit *four à parois isolées et progressif*.

Certif. d'add. pris le 3 juin 1848, par *Troccaz*, rue de la Liberté, n. 90, à Dijon (Côte-d'Or).
(B. du 26 juin 1847, n. 5913.)

**FOURCHE,** *v.* **VERRE ET VERRERIE.**

**FOURNEAU.**

(7731. 16 janvier 1849.) Perfectionnement au fourneau économique pour lequel le sieur *Rimlinger* a obtenu, le 29 mai 1844, un brevet d'invention de 5 ans.

B. de 10 ans, pris le 9 février 1848, par *Rimlinger*, à Rémering (Moselle).

(7151. 2 juin 1848.) Fourneau de cuisine à trois marmites et four, avec un nouveau système de chauffage et la nouvelle application d'un système connu pour le montage des pieds.

B. de 10 ans, pris le 10 février 1848, par *Angar*, à Loulans (Haute-Saône).

(7205. 30 juin 1848.) Fourneau pneumatique volant.

B. de 15 ans, pris le 24 février 1848, par *Magna*, rue Saint-Jacques, n. 10, à Marseille (Bouches-du-Rhône).

(7412. 2 septembre 1848.) Système relatif à la position d'une bouilloire applicable aux fourneaux de cuisine.

B. de 15 ans, pris le 24 juillet 1848, par *Guyon* frères, à Dôle (Jura).

(4526. 7 novembre 1848.) Genre de fourneaux fumivores.

B. de 15 ans, pris le 7 septembre 1848, par *Varillal*, fabricant de produits chimiques, chez *Vasserot*, à Paris, rue Saint-Pierre-Popincourt, n. 1.

Fourneau à chambres.

Certif. d'add. pris le 4 mars 1848, par *Michaut*, à Epieds (Loiret).
(B. du 11 décembre 1845, n. 2599.)

Fourneau économique.

Certif. d'add. pris le 24 octobre 1848, par *Rimlinger*, serrurier-mécanicien, à Rémering (Moselle).
(B. du 11 juin 1846, n. 3718.)

**FREIN,** *v.* **CHEMIN DE FER, ENRAYAGE.**

**FUMÉE.**

(7000. 13 mars 1848.) Appareil fumivore à grille mobile et à distributeur applicable aux foyers de générateurs à vapeur, de fourneaux, de calorifères, etc.

B. de 15 ans, pris le 10 janvier 1848, par *Moulfarine*, mécanicien, chez *Armengaud* aîné, à Paris, rue Saint-Sébastien, n. 19.

**FUSIL, v. ARME A FEU.**

**FUSION.**

(7002. 13 mars 1848.) Procédé propre à la fusion des métaux.

B. de 15 ans, pris le 10 janvier 1848, par *Peigne*, à Paris, boulevard Poissonnière, n. 14.

(7147. 13 mai 1848.) Emploi du laitier et des scories produits par les hauts fourneaux et les forges dans la fabrication du fer.

B. de 15 ans, pris le 28 janvier 1848, par *Tignat* et *Launay*, à Lyon, rue Saint-Côme, n. 6 (Rhône).

# G

**GALVANISATION.**

Procédés de galvanisation de la fonte, etc.

Certif. d'add. pris le 22 janvier 1848, par *Saint-Pol* et comp., à Paris, rue d'Angoulême-du-Temple, n. 40.
(B. du 22 janvier 1848, n. 6794.)

**GALVANOPLASTIE.**

(7119. 13 mai 1848.) Reproduction, par la galvanoplastie, des lettres, chiffres, écussons, etc.

B. de 15 ans, pris le 27 janvier 1848, par *Lemolt* et *Lamenaude*, à Paris, passage Jouffroy, n. 30.

**GANTS.**

(7497. 7 novembre 1848.) Genre de gants.

B. de 15 ans, pris le 9 septembre 1848, par *Braconnier*, fabricant de tissus, à Paris, rue Chanoinesse, n. 16.

**GARANCE,** *v.* **TEINTURE.**

(7094. 13 mai 1848.) Préparations nouvelles de la garance.

B. de 15 ans, pris le 29 janvier 1848, par *Busnot*, commerçant, à Rouen, rue de Fontene<sup></sup>le (Seine-Inférieure).

**GARDE-LIVRE.**

Machine dite *bibliotère* ou *garde-livre*.

Certif. d'add. pris le 2 février 1848, par *Fal-Ladevèze* et *Daujat*, à Meaux (Seine-et-Marne).
(B. du 9 novembre 1847, n. 6610.)

**GARDE-ROBE.**

(7167. 2 juin 1848.) Garde-robe à bascule fonctionnant seule, *système Havard-Loyer*.

B. de 15 ans, pris le 12 février 1848, par *Havard-Loyer*, chez *Armengaud jeune*, à Paris, rue des Filles-du-Calvaire, n. 6.

**GAZ.**

(7250. 3 juillet 1848.) Appareil propre à régulariser la pression du gaz dans les appareils ordinaires.

B. de 15 ans, pris le 2 mars 1848, par *Michaud* et comp., à Paris, boulevard Poissonnière, n. 24.

(7312. 8 août 1848.) Système perfectionné pour opérer la compression des gaz et des fluides gazeux, et en régulariser l'émission.

B. de 15 ans, pris le 4 mai 1848, par *Hermann*, à Paris, rue de Charonne, n. 90.

(7448. 9 septembre 1848.) Procédé d'épuration du gaz hydrogène carboné, dit *procédé Laffargue*.

B. de 15 ans, pris le 19 juillet 1848, par *Laffargue*, pharmacien, rue Luizerne, n. 10, à Lyon (Rhône).

(7528. 7 novembre 1848.) Appareil perfectionné propre à la fabrication du gaz destiné à l'éclairage.

B. pris le 29 août 1848, par *Watson* et *Carl*, représentés par *Truffaut*, à Paris, rue de Grammont, n. 17.
(Patente anglaise de 14 ans, expirant le 14 février 1862.)

(7515. 7 novembre 1848.) Procédés propres à l'épuration du gaz d'éclairage.

B. de 15 ans, pris le 31 août 1848, par *Mayniel*, à Paris, rue des Petits-Hôtels, n. 14.

(7599. 20 décembre 1848.) Perfectionnements dans les appareils propres à régulariser l'écoulement du gaz se rendant aux becs à gaz.

B. de 15 ans, pris le 13 octobre 1848, par *Burleigh*, de Londres, représenté par *Perpigna*, à Paris, rue Neuve-Saint-Augustin, n. 10.
(Patente anglaise de 14 ans, expirant le 8 février 1862.)

Gazofacteur portatif et propre aux usages domestiques.

Certif. d'add. pris le 27 septembre 1848, par *Polge-Montalbert*, à Paris, rue de la Montagne-Sainte-Geneviève, n. 34.
(B. du 25 août 1845, n. 2028.)

Procédés de fabrication du gaz hydrogène éclairant et courant.

Certif. d'add. pris le 10 janvier 1848, par *de Cavaillon*, chimiste, à Paris, rue Taitbout, n. 30.
(B. du 22 décembre 1845, n. 2673.)
Trois autres add. des 3 juin, 25 octobre et 2 novembre 1848.

Purification du gaz.

Certif. d'add. pris le 24 janvier 1848, par *Laming*, route d'Asnières, n. 4, à Clichy-la-Garenne (Seine).
(B. du 7 novembre 1846, n. 4494.)
Autre add. du 6 novembre 1848.

Système de désinfection du gaz de houille.

Certif. d'add. pris le 25 octobre 1848, par *Poulet*, chimiste, et *Tivan*, ébéniste, à Grenoble (Isère).
(B. du 7 juin 1847, n. 5772.)

Procédés d'épuration du gaz.

Certif. d'add. pris le 22 janvier 1848, par *Mallet*, rue de Marseille, n. 7, à la Villette (Seine).
(B. du 15 décembre 1847, n. 6849.)
Autre add. du 30 mai 1848.

GÉLATINE.

(7134. 13 mai 1848.) Moyens de changer les propriétés de la gélatine.

B. de 15 ans, pris le 27 janvier 1848, par *Pinson*, fabricant d'écaille factice, à Paris, rue du Ponceau, n. 12.

GLACE.

(7176. 2 juin 1848.) Machine propre à doucir et polir les glaces sans déplacement.

B. de 15 ans, pris le 11 février 1848, par *Oger*, à la Fère (Aisne).

**GOMME.**

(7559. 18 novembre 1848.) Application du *collodion*.

B. de 15 ans, pris le 15 septembre 1848, par *Perroncel*, fabricant de chaussures en caoutchouc, à Paris, rue Saint-Martin, n. 228.

**GOUVERNAIL.**

(7674. 30 décembre 1848.) Système de gouvernail de rechange.

B. de 15 ans, pris le 11 novembre 1848, par *Frainet*, capitaine au long cours, rue Breteuil, n. 37 (A), à Marseille (Bouches-du-Rhône).

Système d'installation et de commande du gouvernail dans les navires.

Certif. d'add. pris le 19 janvier 1848, par *Guérin*, rue de Fontenelle, n. 5, au Havre (Seine-Inférieure).
(B. du 21 décembre 1846, n. 4717.)
Autre du 28 janvier 1848.

**GRAIN ET GRAINE.**

(7082. 13 mai 1848.) Mécanique à battre les céréales.

B. de 15 ans, pris le 29 janvier 1848, par *André*, mécanicien, à Saint-Julien (Vosges).

(7124. 13 mai 1848.) Dispositions de machines propres à battre, vanner et cribler.

B. de 15 ans, pris le 2 février 1848, par *Meunier*, chez *Armengaud* aîné, à Paris, rue Saint-Sébastien, n. 19.
Add. du 23 août 1848.

(7244. 3 juillet 1848.) Tarare aspirateur propre au nettoyage des grains.

B. de 15 ans, pris le 3 mars 1848, par *Lemoine*, à Hallines (Pas-de-Calais).

(7372. 18 août 1848.) Perfectionnements à l'invention du brevet pris par les sieurs *Ferrières* et *Sabin*, serruriers, le 12 novembre 1845, pour un système de nettoyage du blé; lesdits perfectionnements consistant dans le déplacement du ventilateur et de son coffre, et des changements dans le cylindre à ellipse.

B. de 10 ans, pris le 31 mars 1848, par *Ferrières* et *Sabin*, avenue de Pontlieue, au Mans (Sarthe).

(7349. 17 août 1848.) Mécanisme propre à émonder les céréales et toute espèce de graines.

B. de 15 ans, pris le 15 mai 1848, par *Payre*, mécanicien, rue des Grès, 9, à Saint-Etienne (Loire).

(7325. 17 août 1848.) Perfectionnements dans les machines à battre le blé.

**B.** de 15 ans, pris le 27 mai 1848, par *Bardeau*, chez *Armengaud* aîné, à Paris, rue Saint-Sébastien, n. 19.

(7382. 18 août 1848.) Machine à vanner le blé.

**B.** de 15 ans, pris le 24 juin 1848, par *Nème*, à Montromant (Drôme).

(7443. 9 septembre 1848.) Machine à battre le blé.

**B.** de 15 ans, pris le 7 août 1848, par *Grosjean*, mécanicien, à Ribeauvillé (Haut-Rhin).

(7457. 9 septembre 1848.) Système de machine à battre le blé.

**B.** de 15 ans, pris le 21 août 1848, par *Roy*, mécanicien, à Lons-le-Saulnier (Jura).

(7487. 7 octobre 1848.) Rectifications et perfectionnements apportés à la vis d'Archimède et aux cylindres à hélices destinés à mélanger, sécher, laver, étuver et conduire les farines, grains et autres matières, au moyen de l'eau, de l'air et de la chaleur.

**B.** de 15 ans, pris le 23 août 1848, par *Olin-Châtelet*, promenade du Boulingrin, à Toulouse (Haute-Garonne).

(7511. 7 novembre 1848.) Perfectionnements dans les machines à nettoyer les blés et autres graines.

**B.** d'inv. de 15 ans, pris le 25 août 1848, par les sieurs *Jérôme*, à Amiens, représentés par *Armengaud* aîné, à Paris, rue Saint-Sébastien, n. 19.

(7577. 16 décembre 1848.) Système de manége locomobile servant à battre les grains et à les moudre.

**B.** de 15 ans, pris le 28 septembre 1848, par *Damey*, à Paris, rue de Chaillot, n. 3.
Add. du 30 novembre 1848.

(7614. 20 décembre 1848.) Machine propre à battre des graines de diverses natures, principalement de trèfle.

**B.** de 15 ans, pris le 28 octobre 1848, par *Lebert*, mécanicien, à Bailleau-sous-Gallardon (Eure-et-Loir).

(7642. 21 décembre 1848.) Machine propre à la conservation des grains.

**B.** de 15 ans, pris le 2 novembre 1848, par *Gaillard* fils, manufacturier, à Paris, rue du Faubourg-Saint-Denis, n. 208.

Tarare propre à nettoyer les grains.

Certif. d'add. pris le 26 septembre 1848, par *Chebardy*, mécanicien, à Aigre (Charente).
(B. du 27 septembre 1847, n. 6340.)

**GRAISSAGE ET GRAISSE.**

(7015. 29 mars 1848.) Composition de graisse blanche pour pistons.

B. de 10 ans, pris le 13 janvier 1848, par *Boyenval-Lavigne*, fabricant d'huile, à Wazemmes (Nord).

(6988. 13 mars 1848.) Séparation des principes immédiats du suif et autres corps gras solides, sans l'emploi d'agents chimiques.

B. de 15 ans, pris le 13 janvier 1848, par *Gauny*, à Limas (Rhône).

(7130. 13 mai 1848.) Procédé destiné à faire de la graisse à l'usage des locomotives et waggons des chemins de fer.

B. de 15 ans, pris le 7 février 1848, par *Owen*, *Werren* aîné et *Shipman*, rue Nationale, n. 13, à Rouen (Seine-Inférieure).

(7154. 2 juin 1848.) Appareil dit *oléophère Busse*, fonctionnant seul, propre à effectuer le graissage des essieux, axes et tourillons des waggons, des locomotives, des machines de bateaux à vapeur, et autres machines fixes de tout genre.

B. de 15 ans, pris le 12 février 1848, par *Busse*, représenté par *Parisot de Cassel*, à Paris, rue du Pont-Louis-Philippe, n. 1.

(7539. 18 novembre 1848.) Dégras ou composition propre à la conservation des cuirs, des tissus en général, et applicable à d'autres usages industriels.

B. de 15 ans, pris le 23 septembre 1848, par *Cabasson*, négociant, à Paris, rue de la Chaussée-d'Antin, 18.

Système de préparation onctueuse pour le graissage des mécanismes.

Certif. d'add. pris le 13 septembre 1848, par *Serbat*, chimiste, à Saint-Saulve (Nord), chez *Teinturier*, à Paris, rue des Vieux-Augustins, n. 27.
(B. du 2 juin 1846, n. 3654.)

**GRAVURE.**

(7001. 13 mars 1848.) Production de gravures originales en relief, au moyen du galvanisme, dite *galvanotypie*.

B. de 15 ans, pris le 4 janvier 1848, par *Netter*, peintre, à Paris, rue Thibault-aux-Dez, n. 7.

**GRAVURE SUR PIERRE FINE.**

(7092. 13 mai 1848.) Procédé mécanique de gravure sur pierres fines, pour camées et entailles, par l'emploi du diamant brut ou taillé ou tourné et appliqué au tour à portrait.

B. de 15 ans, pris le 26 janvier 1848, par *Brasseur*, graveur sur pierres fines, à Paris, passage des Panoramas, n. 5.

**GRUE.**

(7164. 2 juin 1848.) Perfectionnements dans les appareils employés pour monter et descendre les fardeaux dans les mines et autres lieux.

B. pris le 9 février 1848, par *Fourdrinier*, représenté par *Truffaut*, à Paris, rue Favart, n. 8.
(Patente anglaise de 14 ans, expirant le 1er février 1861.)

**GUÊTRE.**

(7214. 30 juin 1848.) Genre de guêtres en cuir faites d'une seule pièce, sans couture et sans cambre.

B. de 15 ans, pris le 18 février 1848, par *Perrin*, chez *Mayet*, à Paris, rue des Lombards, n. 17.

(7416. 2 septembre 1848.) Genre de guêtre.

B. de 15 ans, pris le 20 juillet 1848, par *Latour du Moulin*, à Paris, rue de Clichy, n. 88.

(7519. 7 novembre 1848.) Perfectionnements dans la fabrication des guêtres en cuir.

B. de 15 ans, pris le 28 août 1848, par *Perroncel*, fabricant de chaussures en caoutchouc, à Paris, rue Saint-Martin, n. 228.

# H

**HABILLEMENT.**

(7289. 12 juillet 1848.) Fabrication de diverses espèces de vêtements au moyen d'une étoffe de laine déjà feutrée, mais non foulée.

B. de 15 ans, pris le 18 mars 1848, par *Wahl*, à Bitschwiller (Haut-Rhin).

**HACHOIR.**

(7768. 24 janvier 1849.) Système de machines destinées à hacher les viandes et à former les saucisses.

B. de 15 ans, pris le 11 décembre 1848, par *Tussand*, mécanicien, à Paris, rue Neuve-de-Lappe, n. 4.

**HALAGE.**

(7663. 30 décembre 1848.) Système de traction ou de halage des bateaux ou autres objets quelconques sur les canaux, fleuves et rivières.

B. de 15 ans, pris le 13 novembre 1848, par *Alleaume-Gougis*, négociant, chez *Truffaut*, à Paris, rue de Grammont, n. 17.
Add. du 11 décembre 1848.

**HERSE.**

(7695. 30 décembre 1848.) Disposition de herse dite *herse à marteaux*.

B. de 15 ans, pris le 16 novembre 1848, par *Rédier*, chez *Armengaud* aîné, à Paris, rue Saint-Sébastien, n. 19.

Herse à train et à roues.

Certif. d'add. pris le 3 août 1848 , par *Charpentier*, à Ormoy et Villers (Oise), élisant domicile chez *Grouselle*, à Paris, rue Portefoin, n. 15.
(B. du 5 août 1845, n. 1892.)

## HORLOGERIE.

(7041. 29 mars 1848.) Mouvement de montre qui peut marcher exactement pendant un mois par un seul remontage, et dit *ménomètre*.

B. de 15 ans, pris le 10 janvier 1848, par *Sibon*, horloger, à Paris, passage Choiseul, n. 46.

(7051. 5 avril 1848.) Genre de réveil régulateur.

B. de 15 ans , pris le 18 janvier 1848, par *Gaumont*, horloger, à Paris , rue de Valois-Saint-Honoré, n. 9.
Add. du 14 février 1848.

(7079. 5 avril 1848.) Perfectionnements dans la fabrication des horloges et chronomètres.

B. pris le 22 janvier 1848, par *Weare*, représenté par *Truffaut*, à Paris, rue Favart, n. 8.
(Patente anglaise de 14 ans, expirant le 3 juillet 1861.)

(7374. 18 août 1848.) Perfectionnement fait à l'échappement libre à ressort applicable aux pendules et aux montres.

B. de 15 ans, pris le 20 juin 1848, par *Gontard* et *Bolviller*, horlogers, à Paris, rue Saint-Hyacinthe-Saint-Honoré, n. 12.
Add. du 16 novembre 1848.

(7409. 2 septembre 1848.) Perfectionnements apportés à la construction des montres, chronomètres et pendules.

B. de 15 ans, pris le 26 juillet 1848 , par *Giroud*, horloger, à New-York, représenté par *Adert*, élisant domicile chez *Perpigna*, à Paris, rue Neuve-Saint-Augustin, n. 10.

(7698. 30 décembre 1848.) Moyen de faire marcher le mouvement d'une montre , sans la monter, depuis huit jours jusqu'à un mois.

B. de 15 ans, pris le 15 novembre 1848, par *Spalinger*, horloger, à Alais (Gard).

(7755. 24 janvier 1849.) Perfectionnements apportés dans le mécanisme des montres et principalement dans l'échappement.

B. de 15 ans, pris le 6 décembre 1848, par *Laurence*, horloger, et *Normand*, chez *Armengaud* aîné, à Paris, rue St.-Sébastien, n. 19.

Réveille-matin.

Certif. d'add. pris le 31 janvier 1848, par *Rédier*, à Paris, place du Châtelet, n. 2.

(B. pris le 6 juillet 1847, n. 5966.)

Système de pendule à remontoir perpétuel infaillible.

Certif. d'add. pris le 15 septembre 1848, par *Boussard*, horloger, rue Saint-Etienne, n. 2, à Toulouse (Haute-Garonne).

(B. du 19 août 1847, n. 6189.)

**HOUILLE.**

(7496. 7 novembre 1848.) Système de traitement de la houille.

B. de 15 ans, pris le 28 août 1848, par *Bérard*, à Paris, rue du Faubourg-Montmartre, n. 62.

**HOUILLE** (distillation de).

(7193. 30 juin 1848.) Procédé de distillation de houilles et autres matières pour l'éclairage au gaz.

B. de 15 ans, pris le 2 mars 1848, par *Duboys*, rue d'Égypte, n. 2, à Lyon (Rhône).

**HUILE.**

(7551. 18 novembre 1848.) Procédé d'épuration des huiles.

B. de 15 ans, pris le 20 septembre 1848, par *Laurot*, chimiste, rue Sainte, n. 70, à Marseille (Bouches-du-Rhône).

Procédés pour extraire l'huile des schistes.

Certif. d'add. pris le 20 janvier 1848, par *Barthélemy*, docteur en médecine, place d'Armes, n. 4, à St.-Ouen (Seine).

(B. du 18 septembre 1846, n. 4808.)

**HUITRE.**

(7797. 30 janvier 1849.) Instrument propre à ouvrir les huîtres.

B. de 15 ans, pris le 22 décembre 1848, par *Picault*, coutelier, à Paris, rue Dauphine, n. 52.

**HUMIDITÉ** (préservatif contre l').

Système propre à empêcher l'eau et l'air de pénétrer dans les maisons par les portes et fenêtres.

Certif. d'add. pris le 2 octobre 1848, par *Lafourcade*, menuisier, impasse Fourmi, à Angers (Maine-et-Loire).

(B. du 4 octobre 1847, n. 6172.)

**HYDRAULIQUE.**

(6996. 13 mars 1848.) Idée et moyens d'obtenir, par l'action du flux et du reflux de la mer, le mouvement continu des turbines hydrauliques ou roues à axe vertical qui tournent noyées.

B. de 15 ans, pris le 7 janvier 1848, par *Lucas-Richardière*, de Rennes, élisant domicile à Auray (Morbihan).

(7014. 29 mars 1848.) Appareil hydraulique dit *fontaine providentielle*, propre à élever l'eau au-dessus de son niveau.

B. de 15 ans, pris le 17 janvier 1848, par *Boüis*, rue de Chevreuse, n. 2, à Issy (Seine).

(7059. 5 avril 1848.) Machine hydraulique dite *moulin* ou *noria Fortuné.*

B. de 15 ans, pris le 21 janvier 1818, par *Imbert*, mécanicien, cours Saint-Louis, n. 8, à Marseille (Bouches-du-Rhône).

(7065. 5 avril 1848.) Genre de machine dite *siphon aspirateur*, propre à élever l'eau au-dessus de son niveau

B. de 15 ans, pris le 22 janvier 1848, par *Leteslu*, à Paris, rue du Temple, n. 40.

(7150. 2 juin 1848.) Système de roue hydraulique.

B. de 15 ans, pris le 7 février 1848, par *Amberger*, à Paris, rue du Faubourg-Poissonnière, n. 72.

(7288. 12 juillet 1848.) Nouvelles applications de l'hélice hydraulique.

B. pris le 24 mars 1818, par *Van Schendel*, représenté par *Lagache*, à Paris, rue de Grenelle-Saint-Germain, n. 64.
(B. belge de 15 ans, expirant le 10 janvier 1863.)

(7293. 8 août 1848.) Système de machine hydraulique.

B. de 15 ans, pris le 14 avril 1848, par *Barrère* et *Laffitte*, à Paris, rue Saint-André-des-Arts, n. 39.

(7307. 8 août 1848.) Certains moyens économiques d'élever et déplacer l'eau.

B. de 15 ans, pris le 29 avril 1848, par *Gougy*, à Paris, rue du Four-Saint-Germain, n. 2.

(7361. 18 août 1848.) Machine dite *élévateur hydraulique Bal.*

B. de 15 ans, pris le 8 juin 1848, par *Bal*, cours d'Herbouville, n. 10, à Lyon (Rhône).

(7437. 9 septembre 1848.) Appareil hydraulique propre à élever l'eau, dit *cataracte pneumatique.*

B. de 15 ans, pris le 7 août 1848, par *Delaloge*, à Paris, rue de Vendôme, n. 5.
Deux add. des 21 et 29 août 1848.

(7470. 7 octobre 1848.) Système de machine hydraulique à chute d'eau factice.

B. de 15 ans, pris le 21 août 1848, par *Gendebien*, représenté par *de Meuse*, à Epinay-sur-Orge (Seine-et-Oise).

(7440. 9 septembre 1848.) Machine hydraulique pouvant se mouvoir d'elle-même sans le secours de vapeur ni de bras.

B. de 15 ans, pris le 22 août 1848, par *Foucault*, rue Porte-Bourgogne, n. 21, à Orléans (Loiret).

(7523. 7 novembre 1848.) Appareil hydraulique.

B. de 15 ans, pris le 30 août 1848, par *Roussaux*, à Paris, rue de Clichy, n. 90.

(7652. 21 décembre 1848.) Moyen hydraulique destiné à élever l'eau des rivières et des fleuves.

B. de 15 ans, pris le 27 octobre 1848, par *Moriceau*, à Mouy (Oise).
Add. du 12 décembre 1848.

Système de vannage appliqué aux turbines du système *Jonval* et à toutes les turbines reposant sur tous les mêmes principes essentiels de construction.

Certif. d'add. pris le 8 mai 1848, par *Hirn*, au Logelbach (Haut-Rhin).
(B. du 9 décembre 1846, n. 4720.)

Roue dite *turbine rurale.*

Certif. d'add. pris le 16 mars 1848, par *de Canson*, à Vidalon-lès-Annonay, commune de Davézieu (Ardèche).
(B. du 19 février 1847, n. 5108.)

Système de machine hydraulique.

Certif. d'add. pris le 31 mai 1848, par *Jacomy*, à Paris, rue du Faubourg-du-Temple, n. 62.
(B. du 9 juin 1847, n. 5758.)

Machine hydraulique et hydromotrice à chute d'eau artificielle.

Certif. d'add. pris le 15 décembre 1848, par *Brunier*, à Paris, rue Saint-Louis, au Marais, n. 33.
(B. du 1er juillet 1847, n. 5861.)

Machine dite *turbine à soulèvement.*

Certif. d'add. pris le 17 juin 1848, par *Blanc*, à Paris, rue de Castiglione, n. 7.
(B. du 26 juillet 1847, n. 5985.)

**Moteur hydraulique dit *moteur-pompe*.**

Certif. d'add. pris le 18 octobre 1848, par *Girard*, hydraulicien, à Paris, rue d'Enghien, n. 32.
(B. du 17 juillet 1847, n. 6007.)

**Appareil *pyropneumatique* ayant pour effet d'enlever l'eau.**

Certif. d'add. pris le 21 mars 1848, par *Roux-Sarrus*, boulevard Longchamp, n. 167, à Marseille (Bouches-du-Rhône).
(B. du 25 octobre 1847, n. 6579.)

**HYDROPLASTIQUE.**

**Composition dite *hydroplastique*.**

Certif. d'add. pris le 14 mars 1848, par *Lebrun*, chez *Testas*, à Paris, rue Thibault-aux-Dez, n. 10.
(B. du 27 septembre 1843, n. 15462.)
Autre add. du 30 juin 1848.

# I

**ILLUMINATION.**

(7808. 7 février 1849.) Procédés propres à la fabrication des verres de couleur pour illuminations.

B. de 15 ans, pris le 27 décembre 1848, par *Berger-Walter*, négociant, représenté par *Reynaud*, à Paris, rue Bleue, n. 16.

**IMPERMÉABILITÉ.**

(7146. 13 mai 1848.) Procédé propre à rendre les tissus et papiers imperméables.

B. de 15 ans, pris le 2 février 1848, par *Tachet*, à Paris, rue Saint-Honoré, n. 274.

(7221. 30 juin 1848.) Mode de fabrication des toiles imperméables pour sacs et bâches.

B. de 15 ans, pris le 15 février 1848, par *Saintyves*, à Paris, rue Mercier, 4.

**IMPRESSION EN RELIEF.**

(7420. 2 septembre 1848.) Perfectionnements dans la fabrication des plaques ou surfaces employées dans l'impression en relief sur toutes sortes d'objets.

B. pris le 13 juillet 1848, par *Morse*, représenté par *Truffaut*, à Paris, rue de Grammont, n. 17.
( Patente anglaise de 14 ans, expirant le 13 janvier 1862.)

**IMPRESSION SUR ÉTOFFE, PAPIER, ETC., *v*. TEINTURE.**

(7238. 3 juillet 1848.) Système d'impression en velouté sur étoffes.

B. de 10 ans, pris le 19 février 1848, par *Godefroy*, à Paris, rue du Gros-Chenet, n. 17.

(7345. 17 août 1848.) Perfectionnements dans la manière d'imprimer les couleurs sur la laine pour les tapis et sur les tissus.

B. de 15 ans, pris le 6 mai 1848, par *Merle*, à Paris, rue Vivienne, n. 18.

(7634. 21 décembre 1848.) Machine propre à reproduire toute sorte de dessins sur les étoffes de tout genre.

B. de 15 ans, pris le 4 novembre 1848, par *Cellard* et *Dervieux*, fabricants, rue Confort, n. 7, à Lyon (Rhône).

(7685. 30 décembre 1848.) Procédé d'impression mécanique à la planche de toute espèce d'étoffes, de tissus et papiers, dit *système Lehugeur*.

B. de 15 ans, pris le 16 novembre 1848, par *Lehugeur*, graveur-mécanicien, à Paris, rue de l'Ile-Saint-Louis, n. 51.

Machine propre à graver, canneler et rayer les cylindres d'impression.

Certif. d'add. pris le 3 février 1848, par *Feldtrappe*, à Paris, rue du Faubourg-Saint-Denis, n. 152.
(B. du 4 février 1847, n. 4991.)

Moyen de diviser les métaux, et leur application sur le papier, divers tissus, etc.

Certif. d'add. pris le 26 septembre 1848, par *Duval*, chimiste, à Paris, rue du Plâtre-Saint-Jacques, n. 9.
( B. du 2 novembre 1847, n. 6607. )

Procédé d'impression sur écheveaux de toutes matières.

Certif. d'add. pris le 13 novembre 1848, par *Vincre* et *Vincre-Piedanna*, fabricants à Roubaix (Nord).
(B. du 17 novembre 1847, n. 6693.)

**INSTRUMENT DE MATHÉMATI-QUE.**

(7055. 5 avril 1848.) Genre de compas.

B. de 15 ans, pris le 24 janvier 1848, par *Goldenberg* et comp. , à Mouswiller (Bas-Rhin).

(7218. 30 juin 1848.) Instrument de mathématique propre à faire les lignes ponctuées.

B. de 15 ans, pris le 16 février 1848, par *Proal*, à Paris, rue du Pont-Louis-Philippe, n. 1.

**INSTRUMENT D'OPTIQUE.**

(7105. 13 mai 1848.) Microscope usuel.

B. de 15 ans, pris le 25 janvier 1848, par *Gaudin*, à Paris, rue Bagneux, n. 9.

(7280. 12 juillet 1848.) Construction de lunette dite *lunette anallatique*, propre à rendre constants les angles micrométriques.

B. de 15 ans, pris le 24 mars 1848, par *Porro*, chez *Lerebours* et *Sécrétan*, à Paris, place du Pont-Neuf, n. 13.

( 7407. 2 septembre 1848.) Instrument dit *argus des portes*, propre à voir à l'extérieur sans être vu.

B. de 15 ans, pris le 20 juillet 1848, par *Gaulier* et *Plagniot*, à Paris, rue Pastourelle, n. 5.

( 7431. 9 septembre 1848.) Espèce de verres hyperboliques.

B. de 15 ans, pris le 23 août 1848, par *Bloch*, opticien, place Guttemberg, n. 5, à Strasbourg (Bas-Rhin).

**INSTRUMENT DE PHYSIQUE.**

Machine électrique.

Certif. d'add. pris le 26 janvier 1848 , par *Croissant*, place du Palais, n. 4, à Laval (Mayenne).
(B. du 18 octobre 1847, n. 6444.)

**INSTRUMENT DE PRÉCISION.**

(7045. 5 avril 1848.) Perfectionnements dans la fabrication des chaînes métriques et autres objets analogues dits *décamètre Ariel.*

B. de 15 ans, pris le 19 janvier 1848, par *Ariel*, mécanicien, à Paris, rue du Faubourg-Saint-Jacques, n. 35.

(7262. 12 juillet 1848.) Niveau-canne.

B. de 15 ans, pris le 16 mars 1848, par *Boirel*, à Paris, rue d'Anjou, au Marais, n. 21.

(7323. 8 août 1848.) Perfectionnements apportés aux règles ou étalons linéaires et superficiels.

B. de 15 ans, pris le 11 avril 1848, par *Vasseur*, à Paris, rue de Grenelle-Saint-Germain, n. 85.

(7562. 18 novembre 1848.) Niveau dit *niveau Saillard* ou *niveau chronométrique*.

B. de 15 ans, pris le 14 septembre 1848, par *Saillard*, chez *Germond*, à Paris, rue du Faubourg-Saint-Honoré, n. 124.

(7574. 16 décembre 1848.) Mesure métrique dite *métricube*, propre à déterminer, à l'aide d'une seule multiplication, la solidité d'un très-grand nombre de corps cylindriques.

B. de 5 ans, pris le 10 octobre 1848, par *Brunet* dit *Charles*, rue Saint-Jean, à Granville (Manche).

(7825. 7 février 1849.) Appareil dit *enchérimètre*, destiné à remplir l'emploi des bougies dans les adjudications publiques.

B. de 15 ans, pris le 16 novembre 1848, par *Schneider*, arquebusier, à Wissembourg (Bas-Rhin).

**IRRIGATION.**

(7576. 16 décembre 1848.) Diverses méthodes perfectionnées de distribution, sur les terrains, des liquides ou autres substances fluides et coulantes; appareil et mécanisme propres à obtenir ce résultat.

B. pris le 27 septembre 1848, par *Coode*, avocat, à Londres, représenté par *Oppeneau*, à Paris, rue des Amandiers-Popincourt, n. 22.
( Patente anglaise de 14 ans, expirant le 11 mars 1862.)

# J

## JEU.

(7696. 30 décembre 1848.) Jeu pratique de construction historique.

B. de 15 ans , pris le 8 novembre 1848, par *Rousseau*, tabletier, à Paris, rue Saint-Martin , n. 221.

Jeu scientifique de dominocarte.

Certif. d'add. pris le 13 mai 1848, par *de Labaude* , à Paris , rue Servandoni , n. 31.
(B. du 2 novembre 1847, n. 6666.)

## JOUET.

(7800. 30 janvier 1849.) Diorama-miniature.

B. de 15 ans, pris le 15 décembre 1848, par *Régnier* , dessinateur , chez *Armengaud* jeune , à Paris , rue des Filles-du-Calvaire , n. 6.

# L

## LAMPES.

(7063. 5 avril 1848.) Diverses lampes propres à brûler les carbures d'hydrogène et les gazéifier, avec adjonction d'un caléfacteur à ces lampes.

B. de 15 ans, pris le 22 janvier 1848 , par *Lahore* , Grande Rue , n. 7 , à Batignolles (Seine).
Add. du 17 février 1848.

(7121. 13 mai 1848.) Dispositions de lampes-bougeoirs.

B. de 15 ans, pris le 26 janvier 1848, par *Levavasseur* frères, fabricants de lampes, à Paris, rue Montmorency, n. 18, élisant domicile chez *Armengaud* jeune, rue des Filles-du-Calvaire, n. 6. Add. du 26 juillet 1848.

(7137. 13 mai 1848.) Système de lampe mécanique.

B. de 15 ans, pris le 26 janvier 1848, par *Recordon*, horloger, à Paris, quai de Gèvres, n. 16.

(7125. 13 mai 1848.) Système de lampe.

B. de 15 ans, pris le 2 février 1848, par *Monsirbent*, lampiste, à Paris, rue Phélippeaux, n. 18.

(7196. 30 juin 1848.) Système de lampes et de becs d'éclairage.

B. de 15 ans, pris le 17 février 1848, par *Gautier*, à Paris, rue de Chaillot, n. 44 *bis*.

(7251. 3 juillet 1848.) Perfectionnements à un système de lampe applicable aussi aux clysos.

B. de 15 ans, pris le 22 février 1848, par *Moriac*, lampiste, à Paris, rue Frépillon, 18.

(7275. 12 juillet 1848.) Lampe économique.

B. de 15 ans, pris le 8 mars 1848, par *Meister*, à Guebwiller (Haut-Rhin).

(7265. 12 juillet 1848.) Système de lampes à mouvement rotatif.

B. de 15 ans, pris le 22 mars 1848, par *d'Orléans* fils, à Paris, rue de Limoges, n. 8.

(7525. 7 novembre 1848.) Lampe siphoïde.

B. de 15 ans, pris le 4 septembre 1848, par *Tarin*, mécanicien, à Paris, rue du Ponceau, n. 7.

(7616. 20 décembre 1848.) Système de lampe mécanique dite *lampe le Roy*.

B. de 15 ans, pris le 21 octobre 1848, par *le Roy*, ferblantier-lampiste, chez *Armengaud* jeune, à Paris, rue des Filles-du-Calvaire, n. 6.

(7753. 24 janvier 1849.) Différentes améliorations apportées dans les lampes dites *à modérateur*, et tube élastique en peau, en cuir ou en baudruche, remplaçant les tubes rigides existant jusqu'à ce jour.

B. de 15 ans, pris le 1er décembre 1848, par *Guillaume*, ferblantier-lampiste, à Paris, rue Saint-Martin, n. 255.

**(7776. 30 janvier 1849.) Genre de lampe.**

B. de 15 ans, pris le 21 décembre 1848, par *Croulte*, horloger-mécanicien, représenté par *le Brument*, à Rouen (Seine-Inférieure).

**Divers perfectionnements apportés à la lampe-modérateur.**

Certif. d'add. pris le 19 février 1848, par *Capy*, à Paris, rue Saint-Denis, n. 271.
( B. du 20 janvier 1846, n. 2835.)

**Lampe circulaire propre à brûler les huiles de houille et d'autres substances.**

Certif. d'add. pris le 20 octobre 1848, par *Jourdan-Gozzarino*, à Lyon, et chez *Armengaud* aîné, à Paris, rue Saint-Sébastien, n. 19.
(B. du 21 octobre 1847, n. 6554.)

## LANTERNE.

**(7608. 20 décembre 1848.) Fabrication des lanternes dites *vénitiennes*.**

B. de 15 ans, pris le 13 octobre 1848, par *Hamard*, horloger-mécanicien, à Paris, rue du Faubourg-Saint-Denis, n. 15.

## LESSIVAGE, *v.* BLANCHIMENT.

## LETTRE EN RELIEF.

**(7148. 13 mai 1848.) Plaques en relief sur zinc laminé pour inscriptions.**

B. de 15 ans, pris le 29 janvier 1848, par *Tourneur*, marchand de fer, à Senlis (Oise), élisant domicile chez *Armengaud* jeune, à Paris, rue des Filles-du-Calvaire, n. 6.

## LETTRE SUR VERRE, ETC.

**(7153. 2 juin 1848.) Procédé d'application de lettres sur verre, marbre, etc.**

B. de 15 ans, pris le 9 février 1848, par *Boiste*, à Paris, cité du Waux-Hall, n. 6.
Add. du 16 septembre 1848.

**Procédé d'application de lettres sur verre.**

Certif. d'add. pris le 9 mai 1848, par *Lamenaude* et comp., à Paris, passage Jouffroy, n. 30 et 36.
(B. du 24 avril 1847, n. 5503; par *Farré* et *Paul*.)

## LEVIER.

**(7229. 3 juillet 1848.) Genre de levier-cric.**

B. de 15 ans, pris le 18 février 1848, par *Coudray* et *Prévault*, à Paris, rue Croix-des-Petits-Champs, n. 50.

Système de levier compensateur.

Certif. d'add. pris le 2 juin 1848, par *de Ezquiaga*, à Paris, rue de Navarin, n. 31.
(B. du 3 juin 1847, n. 5744.)

Levier dit *le levier français*.

Certif. d'add. pris le 31 août 1848, par *Galinier*, à Caunes (Aude).
(B. du 20 septembre 1847, n. 6366.)

**LIN, v. CHANVRE ET LIN.**

**LIQUIDE GAZEUX.**

( 6976. 13 mars 1848.) Condensateur frigorifique propre à préparer l'eau de Seltz artificielle.

B. de 15 ans, pris le 7 janvier 1848, par *Collet*, peintre, à Paris, rue Beauregard, n. 30.

(7283. 12 juillet 1848.) Appareil propre à introduire du gaz dans les bouteilles bouchées.

B. de 15 ans, pris le 11 mars 1848, par *Riche* et comp., à Paris, rue de Paradis-Poissonnière, n. 42.

(7401. 2 septembre 1848.) Appareil dit *siphon méridional* pour les boissons gazeuses.

B. de 15 ans, pris le 18 juillet 1848, par *Champonet*, mécanicien, rue Puget, n. 14, à Marseille (Bouches-du-Rhône).

( 7660. 21 décembre 1848. ) Appareil propre à rendre gazeux les liquides.

B. de 15 ans, pris le 28 octobre 1848, par *Riche*, négociant, à Paris, rue de Paradis-Poissonnière, n. 42.

(7748. 24 janvier 1849.) Vase destiné à contenir des eaux minérales gazeuses.

B. de 15 ans, pris le 6 décembre 1848, par *Duchesne*, pharmacien, place du Bon-Pasteur, à Nantes (Loire-Inférieure).

Système de vases propres à contenir les liquides gazeux.

Certif. d'add. pris le 6 décembre 1848, par *Briet*, à Paris, rue de Bondy, n. 70.
(B. pris le 24 février 1846, n. 3048.)

Perfectionnements dans la fabrication des eaux gazeuses, dans les vases propres à les contenir et dans les moyens mécaniques propres à boucher les bouteilles et ces vases.

Certif. d'add. pris le 19 septembre 1848, par *Dehaut*, médecin, à Paris, rue du Faubourg-Saint-Denis, n. 156.
(B. du 20 septembre 1847, n. 6350.)

Système d'appareils relatifs aux liquides gazeux.

Certif. d'add. pris le 24 novembre 1848, par *Duchesne*, pharmacien, à Paris, rue du Faubourg-du-Temple, n. 48. (B. du 6 octobre 1847, n. 6455.)

**LIT ET LITERIE,** *v.* CANAPÉ.

(7309. 8 août 1848.) Système de siége dit *lit-fauteuil* à bascule et leviers articulés, applicable aux voitures de chemins de fer et autres.

B. de 15 ans, pris le 31 mars 1848, par *Guillaume*, à Paris, rue de Lille, n. 105.

( 7432. 9 septembre 1848. ) Sommier élastique qui se démonte de toutes pièces.

B. de 15 ans, pris le 3 août 1848, par *Carillion*, à Paris, rue Neuve-Popincourt, n. 8.

( 7452. 9 septembre 1848. ) Genre de lit mécanique destiné au soulagement des malades.

B. de 15 ans, pris le 11 août 1848, par *Margois*, à Saint-Genis-l'Argentière (Rhône).

( 7509. 7 novembre 1848. ) Système de construction solide et économique de lits en fer, avec sommiers, pouvant être pliés afin d'occuper moins de place.

B. de 15 ans, pris le 13 septembre 1848, par *Faveers*, fabricant de lits en fer, à Paris, rue Petrelle, n. 13.

( 7560. 18 novembre 1848.) Système de sommiers et siéges élastiques.

B. de 15 ans, pris le 16 septembre 1848, par *Piffre*, tapissier, cours du Jardin-Public, n. 14, à Bordeaux (Gironde).

( 7533. 18 novembre 1848. ) Système de lit dit *polymeuble*.

B. de 15 ans, pris le 18 septembre 1848, par *Maillard*, marchand de vin, chez *Maillard*, à Paris, rue Notre-Dame-de-Lorette, n. 21.

(7728. 16 janvier 1849.) Construction de divans formant lits ou lits de repos, ou lits de malades, dits *lits parisiens*.

B. de 15 ans, pris le 27 novembre 1848, par *Morin* aîné, fabricant d'articles de literie, à Paris, rue Lamartine, n. 54 et 56.

Sommier somnifère à ressorts.

Certif. d'add. pris le 26 septembre 1848, par *Dupasquier*, fabricant de sommiers, rue de la Juiverie, n. 4, à Lyon (Rhône). (B. du 20 novembre 1846, n. 4610.)

**LITHOGRAPHIE.**

(7116. 13 mai 1848.) Machine à lithographier.

(7739. 24 janvier 1849.) Moyen d'appliquer la lithographie sur la porcelaine, comme décoration.

B. de 15 ans, pris le 5 février 1848, par *Lacroix* fils, boulevard Saint-Hilaire, n. 23, à Rouen (Seine-Inférieure).

B. de 15 ans, pris le 26 septembre 1848, par *Bertrand-Provancher*, décorateur sur porcelaine, à Paris, impasse de l'Ecole, n. 4, rue Neuve-Coquenard.

(7386. 16 décembre 1848.) Presse autolithographique.

Presse mécanique lithographique.

B. de 15 ans, pris le 4 octobre 1848, par *Jaubert*, lithographe, à Tarbes (Hautes-Pyrénées).

Certif. d'add. pris le 8 février 1848, par *de Labarrussias*, à Paris, quai Saint-Michel, n. 21.
(B. pris le 9 février 1847, n. 5052.)

**LOCOMOTEUR ET LOCOMOTIVE,**
*v.* **CHEMIN DE FER, MOTEUR, PROPULSION, TRACTION, VAPEUR (machine à), VOITURE.**

(6980. 13 mars 1848.) Perfectionnements dans les machines locomotives.

B. pris le 5 janvier 1848, par *Crampton*, représenté par *Truffaut*, à Paris, rue Favart, n. 8.
(Patente anglaise de 14 ans, expirant le 19 juin 1861.)

(7016. 29 mars 1848.) Appareil accélérateur de tirage des cheminées des locomotives.

B. de 15 ans, pris le 17 janvier 1848, par *Brunier*, à Paris, rue Saint-Louis, au Marais, n. 33.
Add. du 30 septembre 1848.

(7108. 13 mai 1848.) Divers perfectionnements apportés aux machines locomotives.

B. de 15 ans, pris le 1er février 1848, par *Gouin* et comp., chez *Armengaud* jeune, à Paris, rue des Filles-du-Calvaire, n. 6.

(7101. 13 mai 1848.) Système de locomotive mécanique devant marcher sur terre au moyen de rails, et destiné à remplacer les chevaux ou à leur venir en aide ; ledit système pouvant, en outre, être appliqué à la navigation et même sur terre, sans rails, pour faire le même service que les messageries ou le transport des marchandises.

B. de 15 ans, pris le 4 février 1848, par *Dondeine*, à Distroff, arrondissement de Thionville (Moselle).

(7189. 30 juin 1848.) Certaines améliorations dans la construction des machines locomotives.

B. de 15 ans, pris le 14 février 1848, par *Clapeyron*, à Paris, rue Royale-Saint-Honoré, n. 18.

(7185. 2 juin 1848.) Perfectionnements et changements relatifs aux machines locomotives pour chemins de fer.

B. de 15 ans, pris le 14 février 1848, par *Tourasse*, à Paris, rue de Paradis-Poissonnière, n. 6.
Add. du 3 mars 1848.

(7202. 30 juin 1848.) Diverses améliorations et perfectionnements apportés aux machines locomotives.

B. de 15 ans, pris le 23 février 1848, par *Kœchlin* (*André*) et comp., à Mulhouse (Haut-Rhin).

(7291. 12 juillet 1848.) Système de *célère locomotion ménatrite* à impulsion même animale, pour toute espèce de machine à transports, agissant au moyen de roues, soit par terre, soit par eau.

B. de 15 ans, pris le 9 mars 1848, par *Wickliffe*, *Masserano*, *Carenzi*, *Rocca*, *Migone* et *Crestadoro*, à Paris, rue de Rivoli, n. 18.

(7682. 30 décembre 1848.) Perfectionnements susceptibles d'augmenter, dans une proportion considérable, la vaporisation dans les machines locomotives.

B. de 15 ans, pris le 15 novembre 1848, par *Kœchlin* (*André*) et comp., constructeurs-mécaniciens, à Mulhouse (Haut-Rhin).

Système de locomotive.

Certif. d'add. pris le 7 octobre 1848, par *Clara*, à Paris, rue Rochechouart, n. 23.
(B. du 23 mars 1847, n. 5278.)

Procédés de fabrication des ressorts de waggons et de locomotives propres aux chemins de fer.

Certif. d'add. pris le 7 février 1848, par *Leloup*, à Paris, rue des Fossés-Saint-Marcel, n. 39.
(B. pris le 20 août 1847, n. 6223.)

# M

**MANÉGE.**

Manége mobile direct.

Certif. d'add. pris le 22 février 1848, par *Louvrier*, à Lods (Doubs).
(B. pris le 2 mars 1847, n. 5123.)

**MANOMÈTRE.**

(7039. 29 mars 1848.) Manomètre sans mercure.

B. de 15 ans, pris le 18 janvier 1848, par *Buchonnet*, chaudronnier, à la Ville-en-Bois, commune de Chantenay (Loire-Inférieure).

(7157. 2 juin 1848.) Manomètre alcoométrique.

B. de 15 ans, pris le 11 février 1848, par *Conaty*, chez *Oppeneau*, à Paris, rue des Amandiers-Popincourt, n. 22.

Perfectionnements dans la construction des manomètres.

Certif. d'add. pris le 11 novembre 1848, par *Desbordes*, à Paris, rue Saint-Pierre-Popincourt, n. 20.
(B. du 11 mai 1847, n. 5601.)

**MAROQUIN.**

(7481. 7 octobre 1848.) Composition d'une toile maroquin remplaçant la peau, pour reliures, portefeuilles, objets de gaînerie, etc.

B. de 15 ans, pris le 8 août 1848, par *Marion*, à Paris, cité Bergère, n. 14.

**MASQUE.**

(7155. 2 juin 1848.) Genre de masques brodés.

B. de 10 ans, pris le 8 février 1848, par *Charavel*, à Paris, passage Choiseul, n. 66.

**MATELAS**, *v.* LIT.

**MENUISERIE.**

(6989. 13 mars 1848.) Système de machine propre à fabriquer toute espèce de menuiserie.

B. de 15 ans, pris le 5 janvier 1848, par *Gillet*, menuisier, rue des Amandiers, n. 20, à Charonne (Seine).
Add. du 21 décembre 1848.

**MESURE.**

(7494. 7 octobre 1848.) Procédés de fabrication de mesures de capacité à l'usage des matières sèches.

B. de 15 ans, pris le 8 août 1848, par *Viela* fils, représenté par *Frèche*, à Paris, quai de Valmy, n. 145.

**MESURE DU CORPS.**

(7705. 16 janvier 1849.) Instrument propre à la mesure des habits pour homme, dit *bassiomètre*.

B. de 15 ans, pris le 21 novembre 1848, par *Bassié*, tailleur, rue Castelnau d'Auro, n. 5, à Bordeaux (Gironde).

Appareil dit *somomètre Poidvin*, propre à prendre exactement les mesures d'habits.

Certif. d'add. pris le 22 mars 1848, par *Poidvin*, rue Dumas, n. 25, au Mans (Sarthe).
(B. du 22 mars 1847, n. 5297.)

**MÉTAL.**

(7826. 7 février 1849.) Métal plomb résistant, susceptible d'être laminé et étiré en tuyaux dans toutes les dimensions.

B. de 15 ans, pris le 30 décembre 1848, par *Sebille*, fabricant de plomb laminé, quartier de Launay, rue Dudrezène, n. 4, à Nantes (Loire-Inférieure).

**MÉTALLURGIE.**

(6990. 13 mars 1848.) Tuyère destinée à un nouveau mode de distribution du vent dans les creusets où l'on opère la fusion des minéraux et des métaux.

B. de 15 ans, pris le 14 janvier 1848, par *Gillet-Vignon*, affineur, à Harancourt (Ardennes).

(7342. 17 août 1848.) Procédé de traitement des minerais de cuivre.

B. pris le 15 mai 1848, par *Low*, représenté par *Seignette*, à Paris, rue Saint-Honoré, n. 408.
( Patente anglaise de 14 ans, expirant le 4 mai 1862.)

(7347. 17 août 1848.) Perfectionnements dans la fabrication des métaux et dans le revêtement du fer et de l'acier.

B. pris le 26 mai 1848, par *Parkes*, représenté par *Truffaut*, à Paris, rue Favart, n. 8.

( 7521. 7 novembre 1848.) Procédé relatif à la réduction directe du sulfate de cuivre en métal.

B. de 15 ans, pris le 9 septembre 1848, par *Rambaud* et comp., gérants de la société des mines de cuivre et de fer des Mauzaïas (Algérie), rue Sainte, n. 40, à Marseille (Bouches-du-Rhône).

(7569. 16 décembre 1848.) Matière ou composition devant remplacer le cuivre.

B. de 15 ans, pris le 9 octobre 1848, par *Besson*, mécanicien, à Mulhouse (Haut-Rhin).

(7654. 21 décembre 1848.) Perfectionnements dans la fabrication des métaux et leur recouvrement.

B. pris le 2 novembre 1848, par *Parkes*, de Birmingham, représenté par *Truffaut*, à Paris, rue de Grammont, n. 17.
(Patente anglaise de 14 ans, expirant le 27 avril 1862.)

(7758. 24 janvier 1849.) Perfectionnements apportés à la fabrication de l'acier.

B. de 15 ans, pris le 29 novembre 1848, par *Marcy*, aux États-Unis, élisant domicile à Paris, rue de Rivoli, n. 42, hôtel Meurice.

(7782. 30 janvier 1849.) Tirage et soudage simultanés au laminoir des cercles de fer ou autres, des roues de waggons et autres véhicules.

B. de 15 ans, pris le 7 décembre 1848, par *Festugière*, négociant, cours du 30 Juillet, n. 18, à Bordeaux (Gironde).

MEUBLE, *v.* CANAPÉ.

(7104. 13 mai 1848.) Système de fabrication de lits, meubles et objets divers, au moyen de moulures en fer, fonte ou cuivre, encadrant des ornements en tôle, cuivre ou zinc repoussé.

B. de 15 ans, pris le 31 janvier 1848, par *Dupont*, à Paris, rue Neuve-Saint-Augustin, n. 3.

(7656. 21 décembre 1848.) Procédés de fabrication de meubles , et particulièrement de toute espèce de siéges à dossiers.

B. de 15 ans, pris le 6 novembre 1848, par *Piaget*, fabricant de fauteuils, à Paris, rue du Faubourg-Saint-Antoine , n. 51.

(7754. 24 janvier 1849.) Fauteuil hygiénique.

B. de 15 ans , pris le 30 novembre 1848, par *Krieger*, fabricant de meubles , chez *Armengaud* aîné , à Paris, rue Saint-Sébastien, n. 19.

Dispositions de siéges à dossier mouvant susceptible de se renverser plus ou moins en arrière.

Certif. d'add. pris le 11 mai 1848, par *Luet*, fabricant de meubles, à Paris, passage des Petites-Ecuries, n. 8.
(B. du 11 mai 1847, n. 5626.)

**MEULE.**

(7110. 13 mai 1848.) Certaines dispositions propres à entretenir constamment froides les meules employées à la mouture.

B. pris le 26 janvier 1848 , par *Hanon - Valcke*, élisant domicile chez Vanmeenem , à Lille, hôtel de la Cour royale (Nord).
(Brev. belge de 10 ans, expirant le 20 novembre 1857.)

**MICA.**

(7012. 29 mars 1848.) Emplois et usages du mica et d'autres substances transparentes.

B. de 15 ans, pris le 13 janvier 1848, par *Boizot* et *Bongers* , à Paris , rue Cassette, n. 12.

**MINE.**

(7741. 24 janvier 1849.) Puits-chambres à mines applicables à l'extraction en grand des rochers de toute nature.

B. de 15 ans , pris le 9 décembre 1848, par *Biehler*, conducteur de travaux, à Paris, rue Saint-Guillaume, n. 24

Appareil destiné à arrêter tout poids montant ou descendant dans les puits houillers , lors de la rupture du câble suspenseur, etc.

Certif. d'add. pris le 4 février 1848, par *Dartois*, à Liége (Belgique), élisant domicile chez *Jacquet* aîné, mécanicien, à Arras (Pas-de-Calais).
(B. du 2 octobre 1847, n. 6346.)
Autre add. du 8 mars 1848.

**MINERAI.**

(6992. 13 mars 1848.) Procédé propre à la réduction des oxydes métalliques et des minerais en général.

B. de 15 ans, pris le 5 janvier 1848, par *Jonnart*, maître de forges, à Paris, rue de la Boule-Rouge, n. 24.

**MOIRAGE.**

(7774. 30 janvier 1849.) Rouleau à roulettes mobiles propre à moirer les étoffes unies et façonnées.

B. de 15 ans, pris le 26 décembre 1848, par *Bon* et comp., rue des Tables-Claudiennes, n. 14, à Lyon (Rhône).

**MOISSON.**

(7158. 2 juin 1848.) Machine à moissonner dite *la moissonneuse*.

B. de 15 ans, pris le 10 février 1848, par *de Constant-Rebecque*, représenté par *Bonnet*, à Besançon (Doubs).

**MONTRE, *v.* HORLOGERIE.**

**MOSAÏQUE.**

(7353. 17 août 1848.) Système de parquet de mosaïque, marbre factice.

B. de 15 ans, pris le 19 mai 1848, par *Roubeau*, à Avignon (Vaucluse).

**MOTEUR, *v.* LOCOMOTEUR, MOUVEMENT, NAVIGATION, PROPULSION, VAPEUR (machine à).**

(6998. 13 mars 1848.) Moteur voltaïque magnétique à pistons.

B. de 15 ans, pris le 5 janvier 1848, par *Maignon de Roques*, à Paris, rue du Faubourg-Montmartre, n. 13.

(7017. 29 mars 1848.) Moteur et mesureur marchant par l'eau, l'air, la vapeur ou les gaz.

B. de 15 ans, pris le 10 janvier 1848, par *Chameroy*, négociant, à Paris, rue du Faubourg-Saint-Martin, n. 84.

(7025. 29 mars 1848.) Machine propre à produire une force motrice.

B. de 15 ans, pris le 10 janvier 1848, par *Hervieu de Maisières*, à Paris, rue Madame, n. 15.

(7054. 5 avril 1848.) Mouvement perpétuel.

B. de 15 ans, pris le 18 janvier 1848, par *Gille*, à Paris, rue de Paradis-Poissonnière, n. 1.

(7062. 5 avril 1848.) Emploi du chloroforme comme force motrice dans les machines à vapeur d'eau.

B. de 15 ans, pris le 20 janvier 1848, par *Lafond*, lieutenant de vaisseau, à Paris, rue de Provence, n. 14.
Add. du 16 octobre 1848.

(7173. 2 juin 1848.) Certains appareils propres à servir de moteur à toute sorte de machines.

B. pris le 11 février 1848, par *Morison*, représenté par *Tardif*, à Paris, rue Rambuteau, n. 28.
( Patente anglaise de 14 ans, expirant le 29 juillet 1861.)

(7261. 12 juillet 1848.) Mode d'emploi de la force centrifuge.

B. de 15 ans, pris le 17 mars 1848, par *Biche*, à Remiremont (Vosges).

(7285. 12 juillet 1848.) Moteur dit machine *pneumato-sphéroïdale*, propre aux locomotives, aux machines fixes, aux bateaux à vapeur, etc.

B. de 15 ans, pris le 20 mars 1848, par *Testud de Beauregard*, à Paris, rue de Saint-Quentin, n. 17.

(7267. 12 juillet 1848.) Système de moteur hydraulique.

B. de 15 ans, pris le 23 mars 1848, par *Gautier*, chaussée du Maine, n. 69, à Montrouge (Seine).

(7320. 8 août 1848.) Moteur-volant à marche circulaire destiné à remplacer les animaux dans toute espèce de manége.

B. de 15 ans, pris le 10 avril 1848, par *Peyraud* aîné, à Paris, rue du Musée, n. 13.

(7356. 17 août 1848.) Mouvement continu avec force motrice s'opérant par pesanteur de rouleaux.

B. de 15 ans, pris le 26 mai 1848, par *Vanechop* et les sieurs *Croppi*, à Paris, rue des Mauvais-Garçons-Saint-Jean, n. 9.

(7346. 17 août 1848.) Moteur dit *éthéromoteur*.

B. de 15 ans, pris le 29 mai 1848, par *Parent*, à Paris, rue Saint-Louis-en-l'Ile, n. 16.

(7365. 18 août 1848.) Machine d'une grande puissance dite *force du levier centrifuge*.

B. de 15 ans, pris le 19 juin 1848, par *Champonet*, rue Puget, n. 14, à Marseille (Bouches-du-Rhône).

(7502. 7 novembre 1848.) Application de chambres à soupapes aux moteurs gazeux.

B. de 15 ans, pris le 30 août 1848, par *Darlu*, à Paris, rue du Mont-Thabor, n. 15.
Add. du 16 décembre 1848.

(7573. 16 décembre 1848.) Moteur siphoïde avec appareil pneumatique.

B. de 15 ans, pris le 28 septembre 1848, par *Brodelet*, élisant domicile à Paris, rue Trouchet, n. 22.

(7605. 20 décembre 1848.) Application, comme pouvoir moteur, d'un nouveau liquide dit *perchloride de carbone*, et son usage dans les machines.

B. de 15 ans, pris le 14 octobre 1848, par *Givord* et comp., gérants de la comp. générale pour l'exploitation des machines à éther, rue de Constantine, n. 2, à Lyon (Rhône).

(7644. 21 décembre 1848.) Moteur universel. ·

B. de 15 ans, pris le 27 octobre 1848, par *Giraud*, à Gordes (Vaucluse).

(7689. 30 décembre 1848.) Emploi du gaz acide carbonique comme moteur, et procédés mécaniques propres à cet emploi.

B. de 15 ans, pris le 11 novembre 1848, par *Pascal*, mécanicien, quai de Boudy, n. 150, à Lyon (Rhône).

(7709. 16 janvier 1849.) Construction d'un moteur à vapeur.

B. de 15 ans, pris le 21 novembre 1848, par *Chapuis*, mécanicien, à Givors (Rhône).

(7793. 30 janvier 1849.) Moyen de transporter la force motrice d'un point à un autre par l'emploi soit du gaz, de l'air, du vide et de toute espèce de liquide.

B. de 15 ans, pris le 20 décembre 1848, par *Otin-Chatelet*, mécanicien-fondeur, promenade du Boulingrin, à Toulouse, (Haute-Garonne).

Machine à air dilaté, à simple et à double effet.

Certif. d'add. pris le 6 mai 1848, par *Lemoine* jeune, rue Eau-de-Robec, n. 93, à Rouen (Seine-Inférieure).
(B. du 26 mars 1847, n. 5290.)
Autre add. du 2 septembre 1848.

Moteur applicable à diverses industries, et principalement à la navigation.

Certif. d'add. pris le 6 décembre 1848, par *Charon*, menuisier, rue Saint-Julien, n. 25, à Augers (Maine-et-Loire).
(B. du 7 décembre 1847, n. 6817.)

Mécanique fonctionnant par la force des leviers.

Certif. d'add. pris le 22 décembre 1848, par *Lautier*, mécanicien, chemin neuf de la Madeleine, n. 123, à Marseille (Bouches-du-Rhône).
(B. du 20 décembre 1847, n. 6910.)

**MOUFLE.**

(7726. 16 janvier 1849.) Amélioration apportée dans les moufles.

B. de 15 ans, pris le 28 novembre 1848, par *Masson*, rue de Bourbon, n. 27, à Lyon (Rhône).

**MOULIN.**

(7162. 2 juin 1848.) Perfectionnements apportés dans les moulins à cannes.

B. de 15 ans, pris le 8 février 1848, par *Ducrey*, chez *Armengaud* aîné, rue Saint-Sébastien, n. 19.

(7187. 30 juin 1848.) Moteur pour moulins à farine.

B. de 15 ans, pris le 23 février 1848, par *Artigue*, à Toulon, élisant domicile chez *Finaud*, rue d'Aubagne, n. 62, à Marseille (Bouches-du-Rhône).

(7242. 3 juillet 1848.) Appareil destiné à plier les toiles de moulin à vent.

B. de 5 ans, pris le 8 mars 1848, par *Larrieu*, à Saint-Clar (Gers).
Add. du 13 juin 1848.

(7278. 12 juillet 1848.) Perfectionnements dans les moulins à vent à ailes horizontales.

B. de 15 ans, pris le 9 mars 1848, par *Oppeneau*, à Paris, rue des Amandiers-Popincourt, n. 22.

(7338. 17 août 1848.) Perfectionnements apportés dans les moulins à blé.

B. de 15 ans, pris le 6 mai 1848, par *Fontaine-Beron*, représenté par *Armengaud* aîné, à Paris, rue Saint-Sébastien, n. 19.

(7617. 20 décembre 1848.) Moulin à fécule.

B. de 15 ans, pris le 24 octobre 1848, par *Marchal*, fabricant de fécule, à Saint-Laurent (Vosges).

Machine dite *moulin à moudre* le blé et les autres graines propres à faire de la farine et des potures.

Certif. d'add. pris le 26 janvier 1848, par *Bizot*, mécanicien, à Godoncourt (Vosges).
(B. du 9 octobre 1844, n. 7.)

Système de moulin à vent.

Certif. d'add. pris le 1er août 1848, par *Champonet* et *Roustan*, mécaniciens, rue Puget, 14, à Marseille (Bouch.-du-Rhône).
(B. du 2 juillet 1846, n. 3825.)

Ailes de moulin à vent mises de profil.

Certif. d'add. pris le 16 mai 1848, par *Michelet*, représenté par *Chamayon*, à Montpellier (Hérault).
(B. du 6 mai 1847, n. 5633.)

Système de moulin à vent.

Certif. d'add. pris le 4 mars 1848, par *Cloet*, à la Bassée (Nord).
(B. du 24 novembre 1847, n. 6772.)

Moulin à farine, à manivelle, portatif.

Certif. d'add. pris le 2 décembre 1848, par *Tourrette* et *Borie*, graveurs sur métaux, à Montpezat (Ardèche).
(B. du 14 décembre 1847, n. 6871.)

**MOULIN A CAFÉ.**

(7132. 13 mai 1848.) Genre de moulin à café.

B. de 15 ans, pris le 31 janvier 1848, par *Peugeot*, *Japy* et comp., chez *Armengaud* jeune, à Paris, rue des Filles-du-Calvaire, n. 6.

**MOUVEMENT , *v.* MOTEUR.**

(7313. 8 août 1848.) Création du mouvement des corps solides avec la force et la vitesse à volonté.

B. de 15 ans, pris le 10 avril 1848, par *Lachaussé*, à Obernai (Bas-Rhin).

**MUSIQUE** (instrument de).

(7070. 5 avril 1848.) Diverses améliorations introduites dans les pianos à queue, pianos carrés, pianos droits, à cordes verticales, à cordes obliques et demi-obliques.

B. de 15 ans, pris le 18 janvier 1848, par *Montal*, facteur de pianos, à Paris, rue Dauphine, n. 36.

(7233. 3 juillet 1848.) Clef mécanique dite *clef Dominguez*, propre à accorder les instruments à cordes.

B. de 15 ans, pris le 6 mars 1848, par *Dominguez*, chez *Morelle*, rue de la Gaîté, n. 31, à Montrouge (Seine).
Add. du 11 mars 1848.

(7351. 17 août 1848.) Système de pianos dits *à double traction*.

B. de 15 ans, pris le 26 mai 1848, par *Rheinlander* et *Schlachter*, à Paris, rue du Grand-Saint-Michel, n. 7, faubourg Saint-Martin.

(7456. 9 septembre 1848.) Perfectionnements dans la fabrication des pianos.

B. de 15 ans, pris le 31 juillet 1848, par *Rogez* aîné, facteur de pianos, à Paris, rue Jacob, n. 31.

(7450. 9 septembre 1848.) Instrument de musique à double clavier dit *claviphone*.

B. de 15 ans, pris le 3 août 1848, par *Letoulat*, élisant domicile chez *Armengaud* jeune, à Paris, rue des Filles-du-Calvaire, n. 6.

(7446. 9 septembre 1848.) Piano en fer.

B. de 15 ans, pris le 5 août 1848, par *Herding*, facteur de pianos, rue des Lices, à Angers (Maine-et-Loire).

(7760. 24 janvier 1849.) Mécanique de pianos.

B. de 15 ans, pris le 29 septembre 1848, par *Mundigo*, facteur de pianos, place Saint-Martin, n. 13, à Lille (Nord).

(7537. 18 novembre 1848.) Fabrication de pianos à cadre de fer.

B. de 15 ans, pris le 2 octobre 1848, par *Bonnifas*, facteur de pianos, place des Augustins, n. 17, à Montpellier (Hérault).

(7746. 24 janvier 1849.) Instruments de musique mécaniques, et application du système aux pianos, orgues, etc.

B. de 15 ans, pris le 2 décembre 1848, par *Debain*, facteur d'instruments de musique, à Paris, rue Vivienne, n. 53.

Perfectionnements applicables aux instruments de musique à cordes.

Certif. d'add. pris le 16 février 1848, par *Pape*, à Paris, rue des Bons-Enfants, n. 19.
(B. du 27 décembre 1844, n. 647.)
Autre add. du 1er septembre 1848.

Système de piano.

Certif. d'add. pris le 1er mars 1848, par la veuve *Alliaume*, à Paris, rue du Faubourg-du-Temple, n. 50.
(B. du 25 mars 1846, n. 3201.)

Soupape *isopneume*.

Certif. d'add. pris le 18 janvier 1848, par *Orelle*, facteur d'orgues, à Mirecourt (Vosges).
(B. du 20 janvier 1847, n. 4923.)

Genre de piston propre aux instruments de musique.

Certif. d'add. pris le 12 mai 1848, par *Courtois*, à Paris, rue des Vieux-Augustins, n. 34,
(B. du 14 mai 1847, n. 5594.)

Perfectionnements aux instruments de musique.

Certif. d'add. pris le 11 février 1848, par *Gautrot*, à Paris, rue du Cloître-Notre-Dame, n. 6 et 8.
(B. du 1er juillet 1847, n. 5874.)

Système de piano-forte de concert.

Certif. d'add. pris le 15 avril 1848, par *Dehain*, à Paris, rue Vivienne, n. 53.
(B. du 24 septembre 1847, n. 6349.)

# N

NAVIGATION, *v.* CHEMIN DE FER, PROPULSION.

(7057. 5 avril 1848.) Hélice applicable à la navigation.

B. de 15 ans, pris le 22 janvier 1848, par *Hédiard*, à Paris, rue Taitbout, n. 19.

(7803. 30 janvier 1849.) Système de traction sur les fleuves et rivières.

B. de 15 ans, pris le 20 décembre 1848, par *Surle de l'Aude*, à Paris, rue Saint-Benoît, n. 15.

Système de machine propre à la navigation.

Certif. d'add. pris le 19 février 1848, par *Pentzolds*, à Paris, rue du Temple, n. 40 *ter*.
(Brev. du 20 février 1847, n. 5089.)

NAVIRE.

(7241. 3 juillet 1848.) Construction des vaisseaux et navires de tout échantillon, par une méthode nouvelle et perfectionnée, au moyen de l'application et de l'emploi des courbes et des arcs de cercle.

B. de 15 ans, pris le 29 février 1848, par *Howe*, représenté par *Gardissal*, à Paris, boulevard Saint-Martin, n. 17.
Add. du 29 avril 1848.

(7357. 17 août 1848.) Système de constructions navales.

B. de 15 ans, pris le 29 mai 1848, par *Zerman*, à Paris, grand hôtel de la Marine, rue Croix-des-Petits-Champs, n. 50.

NETTOYAGE.

(7427. 2 septembre 1848.) Épongeoir à pression.

B. de 15 ans, pris le 28 juin 1848, par *Thier*, à Paris, passage Choiseul, n. 10.

(7530. **18 novembre 1848.**)
Machine propre à nettoyer les
étoffes de soie.

**B.** de 15 ans, pris le 19 septembre
1848, par la demoiselle *Badey*, rue de
Thou, n. 4, à Lyon (Rhône).

(7655. **21 décembre 1848.**)
Machine destinée au nettoyage
des couteaux.

**B.** de 15 ans, pris le 6 novembre 1848,
par *Pasqua*, négociant, et *Schenck*, menuisier, à Paris, rue de Navarin, n. 17.

(7691. **30 décembre 1848.**)
Système de lavage sans se salir
ni se mouiller, de brossage et
de balayage.

**B.** de 15 ans, pris le 13 novembre
1848, par *Plantier*, sténographe et
*Szymkowicz*, à Paris, passage Tivoli,
n. 13 *bis*.

(7694. **30 déembre 1848.**)
Manière de nettoyer les couteaux et les fourchettes, à l'aide
de nouveaux appareils.

**B.** pris le 17 novembre 1848, par
*Price*, de Londres, représenté par *Purcell*, à Paris, rue Saint-Honoré, n. 372.
( Patente anglaise de 14 ans, expirant
le 11 mai 1862.)

**NOIR.**

(7781. **30 janvier 1849.**) Procédés de conservation et de révivification du noir animal.

**B.** de 15 ans, pris le 29 décembre 1848,
par *Evrard*, chimiste, à Douai, représenté par *Defrenne*, à Lille (Nord).

**Procédés de révivification du
noir animal.**

Certif. d'add. pris le 25 janvier 1848,
par *Fouschard*, fabricant à Neuilly, rue
de Longchamp, n. 15 (Seine).
(B. du 10 juillet 1847, n. 5941.)
Autre add. du 21 juillet 1848.

# O

**OEUF.**

(7332. 17 août 1848.) Perfectionnements dans la conservation des œufs.

B. pris le 10 mai 1848, par *Davison* et *Symington*, de Londres, représentés par *Oppeneau*, à Paris, rue des Amandiers-Popincourt, n. 22.

(Patente anglaise de 14 ans, expirant le 6 novembre 1861.)

**OLIVE** (trituration d').

(7334. 17 août 1848.) Appareil complet pour le détritage des olives.

B. de 15 ans, pris le 31 mai 1848, par *Dufour*, à Aix (Bouches-du-Rhône).

**ORGUE, *v.* MUSIQUE** (instrument de).

**ORNEMENT.**

(7171. 2 juin 1848.) Application du serti à l'ornementation de l'architecture, système dit *sertissure architecturale*.

B. de 15 ans, pris le 11 février 1848, par *Lesueur* et *Prévost*, à Paris, rue du Cimetière-Saint-Nicolas, n. 8.

(7256. 3 juillet 1848.) Système de décoration de luminaires.

B. de 15 ans, pris le 21 février 1848, par *Tribouillet*, avenue de Madrid, n. 4, à Neuilly (Seine).

Pâte dite *lignifère*, destinée à remplacer le bois pour toute espèce d'ornement.

Certif. d'add. pris le 18 décembre 1848, par *Barrieu*, peintre, route de Toulouse, n. 125, à Bordeaux (Gironde).

**OUATE.**

(7096. 13 mai 1848.) Tissu dit *tissu-ouate.*

B. de 15 ans, pris le 7 février 1848, par *Chauffroy* et *Lemagnant*, à Rouen (Seine-Inférieure).

**OUTILLAGE.**

(7107. 13 mai 1848.) Mode de fabriquer les mèches.

B. de 15 ans, pris le 29 janvier 1848, par *Goldenberg* et comp., fabricants de grosse quincaillerie, à Mouswiller (Bas-Rhin).

(7504. 7 novembre 1848.) Genre de manche d'alène.

B. de 15 ans, pris le 5 septembre 1848, par *Dehaule*, formier-bottier, à Paris, chemin de ronde Pigalle, n. 11.

(7534. 18 novembre 1848.) Machine et outils propres à travailler la pierre, le marbre et autres matières.

B. de 15 ans, pris le 26 septembre 1848, par *Bérard* et comp., à Paris, rue Saint-Sébastien, n. 19.

Outil propre à faire les trous de bondes de fûts et futailles, dit *bondonnière Reclus.*

Certif. d'add. pris le 11 septembre 1848, par *Reclus*, coutelier, à Bergerac (Dordogne).
(B. du 13 septembre 1847, n. 6305.)

**OXYDATION.**

(7591. 16 décembre 1848.) Procédé chimique empêchant l'oxydation du fer.

B. de 15 ans, pris le 9 octobre 1848, par *Paris*, chimiste, rue de Bercy, n. 111, à Bercy (Seine).
Add. du 9 décembre 1848.

# P

## PANIFICATION.

(7042. 29 mars 1848.) Procédés pour oxygéner ou charger d'air l'eau simple ou composée employée, dans la boulangerie, au pétrissage de la farine avec les levains, et pour refroidir promptement cette eau lorsqu'elle est trop chaude.

B. de 15 ans, pris le 10 janvier 1848, par *Souchon*, chimiste, rue Capron, n. 17, à Batignolles (Seine).

(7195. 30 juin 1848.) Machine à pétrir.

B. de 15 ans, pris le 15 février 1848, par *Faucon*, à Beaucaire (Gard).

(7752. 24 janvier 1849.) Emploi des glands et des marrons d'Inde dans la panification.

B. de 15 ans, pris le 13 décembre 1848, par *de Gemini*, à Paris, rue Neuve-des-Mathurins, n. 77.

## PAPIER.

(6977. 13 mars 1848.) Perfectionnements dans la préparation du papier ponce pour la peinture au pastel.

B. de 15 ans, pris le 8 janvier 1848, par *Colson*, marchand de couleurs, à Paris, rue du Dragon, n. 3.
Add. du 15 novembre 1848.

(7120. 13 mai 1848.) Genre de papier de dessin et de peinture dit *papier gipsy*.

B. de 15 ans, pris le 2 février 1848, par la dame veuve *Leprince de Beaufort*, à Paris, rue de l'Ecole-de-Médecine, n. 24.

(7165. 2 juin 1848.) Papier *translucide*.

B. de 15 ans, pris le 7 février 1848, par *Girod*, à Besançon (Doubs).

(7584. 16 décembre 1848.)
Papier de sûreté.

B. de 15 ans, pris le 7 octobre 1848, par *Fourcel* et *Ganneval*, à Paris, rue de Boudy, n. 82.

(7580. 16 décembre 1848.)
Procédé propre à éviter le lavage des papiers.

B. de 15 ans, pris le 11 octobre 1848, par *Doat*, chez *Boyer*, à Paris, boulevard des Italiens, n. 17.

## PAPIER TISSÉ.

(7292. 8 août 1848.) Système de fabrication d'étoffe en papier tissé de toutes couleurs, uni, peint, doré et décoré, avec toutes les variétés des papiers de fantaisie.

B. de 15 ans, pris le 8 avril 1848, par *Angrand*, à Paris, rue Meslay, n. 59 et 61.

## PARAPLUIE.

(7722. 16 janvier 1849.) Système de parapluie et parasol ou ombrelle dont on peut, à volonté, augmenter ou diminuer la surface protectrice.

B. de 15 ans, pris le 18 novembre 1848, par *Lœwenthal*, ciseleur, à Paris, rue de la Vannerie, n. 42.

## PARQUET.

(7170. 2 juin 1848.) Moyen d'enlever les taches sur les parquets et de les mettre à neuf.

B. de 5 ans, pris le 12 février 1848, par *Lerour*, rue des Carmélites, n. 25, à Rouen (Seine-Inférieure).

## PASSEMENTERIE.

(7690. 30 décembre 1848.) Application spéciale de la mécanique à ganse et à cordons à la confection du point suivi pour la couverture des articles divers de passementerie.

B. de 15 ans, pris le 14 novembre 1848, par *Payen*, fabricant de passementerie, à Paris, rue Saint-Denis, n. 257.

Procédés perfectionnés propres à l'exécution des franges, etc.

Certif. d'add. pris le 14 septembre 1848, par *Donzé*, passementier, à Paris, rue Bourtibourg, n. 21.
(B. du 15 novembre 1845, n. 2172.)

**PASTEL** (peinture au).

(7197. 30 juin 1848.) Procédés de composition et de préparation de toile, panneaux, cartons et papiers siliceux pour la peinture au pastel.

B. de 15 ans, pris le 16 février 1848, par *Hébert*, à Paris, rue Saint-Martin, n. 252.

**PEIGNAGE.**

(7311. 8 août 1848.) Machine à peigner le lin, le chanvre, la soie et tout autre filament, et perfectionnements apportés aux peignes à lin.

B. de 15 ans, pris le 18 avril 1848, par *Harding-Co ker*, rue de Metz, à Lille (Nord).

(7482. 7 octobre 1848.) Perfectionnements dans le peignage du lin, de la laine et autres matières filamenteuses.

B. pris le 9 août 1848, par *Marsden*, représenté par *Truffaut*, à Paris, rue de Grammont, n. 17.
(Patente anglaise de 14 ans, expirant le 6 septembre 1861.)

Machine à étirer la laine au peigne.

Certif. d'add. pris le 23 octobre 1848, par *Guinot*, faubourg Sainte-Anne, n. 7, à Reims (Marne).
(B. du 28 octobre 1847, n. 6549.)

**PEIGNE.**

Système de peignes à chignons.

Certif. d'add. pris le 29 novembre 1848, par *David*, négociant, à Nantua (Ain).
(B. du 22 novembre 1847, n. 6715.)

**PEINTURE.**

Matériel de peinture à l'oléine d'huile d'olive.

Certif. d'add. pris le 20 décembre 1848, par *Gay*, rue de l'Ail, n. 18, à Strasbourg (Bas-Rhin).
(B. du 17 octobre 1846, n. 4422.)

**PEINTURE EN BATIMENT.**

(7541. 18 novembre 1848.) Système de peinture encaustique.

B. de 15 ans, pris le 18 septembre 1848, par *Dumas*, peintre en décor, rue Ecorche-Bœuf, n. 27, à Lyon (Rhône).

**PEINTURE SUR VERRE.**

(6986. 13 mars 1848.) Procédés de peinture sur verre.

B. de 15 ans, pris le 5 janvier 1848, par *Duval*, peintre, chez *Sabatier-Blot*, à Paris, Palais-Royal, n. 137.

**PENDULE, v. HORLOGERIE.**

**PERRUQUE.**

(7211. 30 juin 1848.) Genre de mouches adhérentes propres à coller les tissus chevelus.

B. de 10 ans, pris le 15 février 1848, par *Monain*, à Paris, place Saint-Germain-l'Auxerrois, n. 31.

**PESAGE.**

(7315. 8 août 1848.) Application, aux balances-bascules, d'un levier à double bras, du côté de la puissance.

B. de 15 ans, pris le 14 janvier 1848, par *Maag*, balancier, rue d'Enghien, n. 24, aux Broteaux-la-Guillotière (Rhône).

(7286. 12 juillet 1848.) Système de balance.

B. de 15 ans, pris le 25 mars 1848, par *Thier*, à Paris, passage Choiseul, n. 40.

(7493. 7 octobre 1848.) Balance infaillible.

B. de 15 ans, pris le 26 août 1848, par *Van-Esschen*, chez *Baas-Coget*, place du Lion-d'Or, à Lille (Nord).

(7564. 16 décembre 1848.) Certains perfectionnements dans les balances et dans les appareils en rapport.

B. pris le 27 septembre 1848, par *Alliott*, de Nottingham, représenté par *Kormann*, à Paris, rue Notre-Dame-des-Victoires, n. 10.
( Patente anglaise de 14 ans, expirant le 14 mars 1862.)

(7700. 30 décembre 1848.) Pèse-lettres mécaniques.

B. de 15 ans, pris le 13 novembre 1848, par *Susse*, négociant, à Paris, place de la Bourse, n. 31.

(7665. 30 décembre 1848.) Instruments de pesage.

B. de 15 ans, pris le 14 novembre 1848, par *Béranger*, balancier-mécanicien, chez *Chemin*, à Paris, rue de la Ferronnerie, n. 4.

(7777. 30 janvier 1849.) Appareil dit *pondérateur postal* ou *balance à lettres*, propre à peser les lettres.

B. de 15 ans, pris le 15 décembre 1848, par *Deleuil*, balancier des monnaies, à Paris, rue du Pont-de-Lodi, n. 8.

(7804. 30 janvier 1849.) Instrument de pesage.

B. de 15 ans, pris le 19 décembre 1848, par *Valette* fils, mécanicien, à Paris, passage Jouffroy, n. 12.

Combinaison de leviers-fléaux offrant trois instruments de pesage nouveaux.

Certif. d'add. pris le 13 octobre 1848, par *Béranger*, balancier-mécanicien, aux Broteaux, à Lyon (Rhône).
(B. du 9 juin 1847, n. 1565.)

**PÉTRIN, *v*. PANIFICATION.**

(5978. 13 mars 1848.) Pétrin mécanique.

B. de 15 ans, pris le 5 janvier 1848, par *Cornet-Delaby*, boulanger, marché au Feurre, n. 22, à Amiens (Somme).

Pétrisseur mécanique propre à la boulangerie.

Certif. d'add. pris le 8 janvier 1848, par *Boland*, à Paris, rue et île Saint-Louis, n. 62.
(B. du 15 janvier 1847, n. 4883.)

**PHARE.**

(7031. 29 mars 1848.) Lanterne-phare pour la locomotion et la navigation, dite *phare Mulot*.

B. de 15 ans, pris le 13 janvier 1848, par *Mulot*, ferblantier-lampiste, à Paris, rue Chapon, n. 19.
Add. du 12 février 1848.

**PIERRE (taille de la).**

(7333. 17 août 1848.) Machine à tailler la pierre dite *lapicide*.

B. de 15 ans, pris le 15 mai 1848, par *Domec-Carré*, rue des Asperges, à la Guillotière (Rhône).

Machine à tailler les pierres de toutes formes et dimensions.

Certif. d'add. pris le 9 septembre 1848, par *Thoumelet* et *Olivier*, à Marans (Charente-Inférieure).
(B. du 11 septembre 1847, n. 6315.)

Système de machines propres à découper les pierres.

Certif. d'add. pris le 21 février 1848, par *Bas*, à Paris, boulevard Saint-Martin, n. 4.
(B. du 20 novembre 1847, n. 6698.)
Autre add. du 4 novembre 1848.

**PIERRE ARTIFICIELLE.**

(7796. 30 janvier 1849.) Procédé propre à produire des pierres artificielles ayant les propriétés principales de l'agate.

B. de 15 ans, pris le 16 décembre 1848, par *Phalen*, à New-York, et à Paris, rue Neuve-des-Mathurins, n. 84.

**PIERRE FINE** (imitation de).

(7133. 13 mai 1848.) Composition imitant les pierres précieuses.

B. de 15 ans, pris le 27 janvier 1848, par *Pinson*, fabricant d'écaille factice, à Paris, rue du Ponceau, n. 12.

**PIEU** (battage de).

Machine à battre les pieux.

Certif. d'add. pris le 28 mars 1848, par *Brouquel*, à Paris, rue de Bercy-Saint-Antoine, n. 25.
(B. du 20 juillet 1847, n. 5990.)

**PIPE** (curage de).

(6979. 13 mars 1848.) Couteau-évidoir servant à évider les pipes.

B. de 15 ans, pris le 3 janvier 1848, par *Courtois*, fabricant de pipes, commune de Forges-les-Eaux (Seine-Inférieure).

**PLANCHER.**

(7476. 7 octobre 1848.) Système de plancher en fer.

B. de 15 ans, pris le 8 août 1848, par *Jeannette*, à Paris, rue de Boulogne, n. 8.

**PLASTIQUE.**

(7215. 30 juin 1848.) Pâte végétale dite *pâte éburnéenne*, propre aux objets d'art plastique, etc.

B. de 15 ans, pris le 14 février 1848, par *Peruche* et demoiselle *Gaston-Bellegarde*, à Paris, rue Neuve-Saint-Nicolas.

**PLATRE.**

(7734. 16 janvier 1849.) Cuisson du plâtre par la vapeur d'eau surchauffée.

B. de 15 ans, pris le 29 novembre 1848, par *Violette*, à Esquerdes, arrondissement de Saint-Omer (Pas-de-Calais).

Appareil propre à cuire le plâtre.

Certif. d'add. pris le 8 septembre 1848, par *Breuillé* et *Minich*, à Paris, boulevard Beaumarchais, n. 7.
(B. pris le 7 octobre 1847, n. 6493.)

**PLISSAGE.**

(7429. 9 septembre 1848.) Procédé servant à plisser les rubans pour leur donner de l'élasticité.

B. pris le 27 juillet 1848, par *Baselaar*, chez *Armengaud* jeune, à Paris, rue des Filles-du-Calvaire, n. 6.
(B. belge de 10 ans, expirant le 4 décembre 1857.)

**PLOMBAGE.**

(7678. 30 décembre 1848.) Plombage du zinc.

B. de 15 ans, pris le 15 novembre 1848, par *Guynemer*, directeur des mines et fonderies de zinc de la Vieille-Montagne, à Paris, rue Richer, n. 12.

(7735. 24 janvier 1849.) Procédés galvaniques de plombage et d'étamage du zinc et de la tôle.

B. de 15 ans, pris le 25 novembre 1848, par *d'Arlincourt* (*Prévost*), à Sérifontaine (Oise), chez *d'Arlincourt*, à Paris, rue Breda, n. 2.

**PLONGEUR.**

(7271. 12 juillet 1848.) Système d'appareil plongeur dit *costume sous-marin.*

B. de 15 ans, pris le 24 mars 1848, par *Langlois*, à Paris, rue Basse-du-Rempart, n. 52.

**PLUME A ÉCRIRE.**

(7007. 13 mars 1848.) Genre de plume dite *stylographe.*

B. de 15 ans, pris le 3 janvier 1848, par *Valory*, joaillier, à Paris, rue des Orfèvres, n. 6.

Plume en métal.

Certif. d'add. pris le 24 juillet 1848, par la veuve *Hahnemann* et *Petit-Pierre*, à Paris, rue de Clichy, n. 48.
(B. du 15 février 1847, n. 5049.)

**POÈLE.**

(7408. 2 septembre 1848.) Poêle ou fourneau à foyer conique et à grille découverte.

B. de 15 ans, pris le 17 juillet 1848, par *Genissieu-Prenat* et comp., à Givors (Rhône).

Divers perfectionnements aux modèles des poêles objets des brevets déjà délivrés au sieur *Godin-Lemaire.*

Certif. d'add. pris le 23 septembre 1848, par *Godin-Lemaire*, fondeur en fer, à Guise (Aisne).
(B. du 15 juillet 1846, n. 3868.)

**POIGNÉE DE SABRE, *v.* ÉQUIPEMENT.**

(7363. 18 août 1848.) Procédé de fabrication de poignées de sabres.

B. de 15 ans, pris le 20 juin 1848, par *Bellain*, à Paris, rue Michel-le-Comte, n. 33.

**POLISSAGE.**

(7180. 2 juin 1848.) Système de machines dites *polissoir mécanique*, destiné à polir les marbres à surface plane.

B. de 15 ans, pris le 8 février 1848, par *Ricard* jeune, à Burgalaïs (Haute-Garonne).

**POMPE, v. HYDRAULIQUE.**

(7103. 13 mai 1848.) Système de pompes hydrauliques à équilibre.

B. de 15 ans, pris le 4 février 1848, par *Dugommier*, rue Perceval, n. 7, chaussée du Maine, commune de Vaugirard (Seine).

(7287. 12 juillet 1848.) Pompe à piston oscillant.

B. pris le 13 mars 1848, par *Vanderfeesten*, chez *Collette*, à Paris, rue du Cadran, n. 34.
(B. belge de 15 ans, expirant le 20 janvier 1863.)

(7260. 12 juillet 1848.) Pompe dite *pompe à chemin de fer*.

B. de 15 ans, pris le 18 mars 1848, par *Audiffren*, rue de l'Abbé-Ferrand, n. 25, à Marseille (Bouches-du-Rhône).

(7259. 12 juillet 1848.) Pompe dite *marseillaise*, à quadruple effet, et servant à élever l'eau.

B. de 15 ans, pris le 5 avril 1848, par *Arnier*, rue Saint-Savournin, n. 48, à Marseille (Bouches-du-Rhône).

(7657. 21 décembre 1848.) Pompe aspirante et refoulante dite *africaine*.

B. de 15 ans, pris le 31 octobre 1848, par *Pignière*, mécanicien, rue du Saule, n. 10, à Marseille (Bouches-du-Rhône).

(7635. 21 décembre 1848.) Pompes dites *économiques*.

B. de 15 ans, pris le 3 novembre 1848, par les sieurs *Champonnois*, négociants, à Chaumont (Haute-Marne).

(7631. 21 décembre 1848.) Pompe rotative.

B. de 15 ans, pris le 8 novembre 1848, par *Bohmé*, mécanicien, à Saint-Quentin (Aisne).

(7791. 30 janvier 1849.) Pompe circulaire.

B. de 15 ans, pris le 23 décembre 1848, par *Morel* et fils, fondeurs en cuivre et plombiers, représentés par *Degieux*, à Laon (Aisne).

Pompe au mercure sans garniture ni frottement.

Certif. d'add. pris le 3 octobre 1848, par *Doudet*, architecte, rue du Collége, à Laval (Mayenne).
(B. du 22 janvier 1845, n. 175.)

Pompe à piston régulateur.

Certif. d'add. pris le 16 septembre 1848, par *Auger*, mécanicien, à Louviers (Eure).

(B. du 15 juin 1847, n. 5788.)

## PONT.

(7354. 17 août 1848.) Perfectionnements dans la construction des ponts et viaducs en fonte des chemins de fer.

B. de 10 ans pris le 8 mai 1848, par *Sadler*, représenté par *Bush*, boulevard St.-Hilaire, n. 27, à Rouen (Seine-Inférieure).

(Patente anglaise de 14 ans, du 14 juillet 1847.)

## PORTE-CAPSULES.

(7415. 2 septembre 1848.) Magasin porte-capsules.

B. de 15 ans , pris le 26 juillet 1848, par *de Lachapelle*, à Paris , rue des Vieux-Augustins , n. 20.

## PORTE-CIGARE.

(7702. 16 janvier 1849.) Porte-cigare dont la garniture est applicable aux bourses , porte-monnaie, etc.

B. de 15 ans, pris le 24 décembre 1848, par *Amson*, fabricant, à Paris, rue Sainte-Croix-de-la-Bretonnerie, n. 44.

## PORTECRAYON.

(7454. 9 septembre 1848.) Portecrayon simplifié.

B. de 15 ans, pris le 5 août 1848, par *Nicolle*, bijoutier, à Paris, rue des Juifs, n. 11.

## PORTE-FORÊT.

Porte-forêt rotatif.

Certif. d'add. pris le 12 février 1848, par *Dugland* aîné, à Paris, rue du Faubourg-Saint-Denis, n. 73.

(B. du 13 octobre 1847 , n. 6456.)

## PORTE-MONNAIE.

Genre de porte-monnaie.

Certif. d'add. pris le 6 mars 1848, par *Roux* et *Fortin*, à Paris, rue Meslay, n. 4.

(B. du 27 septembre 1847, n. 6413.)

## PORTE-PLUME.

(7247. 3 juillet 1848.) Porte-plume à levier-bascule.

B. de 15 ans, pris le 7 mars 1848, par *Mathieu*, à Paris, rue des Grès, n. 18.

(7376. 18 août 1848.) Genre de porte-plume dit *porte-plume siphoïde*.

B. de 15 ans, pris le 8 juin 1848, par *Halley*, à Paris, rue de l'Echarpe, n. 1.

### POTERIE.

(7636. 21 décembre 1848.) Machine propre à la fabrication des vases en terre dits *céramiques Chevalier*.

B. de 15 ans, pris le 26 octobre 1848, par *Chevalier*, mécanicien, rue Belleville, n. 135, à Bordeaux (Gironde).

(7679. 30 décembre 1848.) Procédés propres à la fabrication de la poterie.

B. de 15 ans, pris le 31 octobre 1848, par *Heiligenstein*, potier de terre, route de Choisy-le-Roi, 18, commune d'Ivry (Seine).

### POUDRE A CANON.

(7127. 13 mai 1848.) Transformation du ligneux en une matière fulminante dite *fulmi-coton*.

B. de 15 ans, pris le 3 octobre 1846, par *Morel*, mécanicien, à Paris, rue d'Orléans-Saint-Marcel, n. 35.
Quatre add. des 6, 8, 26 octobre et 30 novembre 1846.

(7129. 13 mai 1848.) Application du fulmi-coton, préparé d'après les procédés de *Morel*, aux cartouches et aux capsules inventées par *Chaudun* et destinées aux armes de chasse.

B. de 15 ans, pris le 3 novembre 1846, par *Morel*, mécanicien, et *Chaudun*, arquebusier, à Paris, rue d'Orléans-Saint-Marcel, n. 35.

(7098. 13 mai 1848.) Perfectionnements apportés à la fabrication et à la purification des matières explosives.

B. de 15 ans, pris le 8 décembre 1846, par *Claussen*, de Londres, représenté par *Brooman*, à Paris, boulevard Saint-Martin, n. 51.

### POULIE.

(7704. 16 janvier 1849.) Système de poulies de marine sans estrope extérieure, applicables aux poulies simples, doubles et triples, soit à cosse, pour être aiguilletées, soit à croc, soit enfin à toute espèce de poulies.

B. de 15 ans, pris le 24 novembre 1848, par *Barbe*, *Morisse* et *Lahure*, représentés par *Armengaud* aîné, à Paris, rue Saint-Sébastien, n. 19.

**PRESSE, v. TYPOGRAPHIE.**

(7032. 29 mars 1848.) Système de presse mécanique typographique.

B. de 15 ans, pris le 10 janvier 1848, par *Normand*, mécanicien, à Paris, rue de Sèvres, n. 97.

(7109. 13 mai 1848.) Perfectionnements apportés aux presses à timbre sec, aux balanciers, découpeurs et autres appareils analogues.

B. de 15 ans, pris le 5 février 1848, par *Guillaume*, mécanicien, à Paris, rue des Vieux-Augustins, n. 62.
Add. du 23 décembre 1848.

(7368. 18 août 1848.) Presse-calandre pour étoffes.

B. de 15 ans, pris le 30 juin 1848, par *Deschamps*, rue de Jarente, n. 20, à Lyon (Rhône).

(7567. 16 décembre 1848.) Système de presse à timbre humide.

B. de 15 ans, pris le 30 septembre 1848, par *Becker*, mécanicien, à Paris, rue Saint-Denis, n. 380.

**PRESSOIR.**

(7219. 30 juin 1848.) Pressoir à haute pression régulière.

B. de 15 ans, pris le 16 février 1848, par *Protte*, à Vandeuvre (Aube).

(7615. 20 décembre 1848.) Pressoir dit *châtillonnais*.

B. de 15 ans, pris le 24 octobre 1848, par *Lemonnier*, mécanicien, grande rue de Chaumont, n. 73, à Châtillon (Côte-d'Or).

(7719. 16 janvier 1849.) Pressoir mécanique dit l'*Auxerrois*.

B. de 15 ans, pris le 27 novembre 1848, par *Léger*, serrurier du Champ, à Auxerre (Yonne).

Système de pressoirs.

Certif. d'add. pris le 12 janvier 1848, par *Kœppelin*, régent des sciences physiques, au collége de Colmar (Haut-Rhin).
(B. du 14 octobre 1844, n. 29.)

Pressoir à vin.

Certif. d'add. pris le 18 décembre 1848, par *Bail*, mécanicien, route de Bourgogne, n. 23, à Vaise (Rhône).
(B. du 7 novembre 1844, n. 312.)

Pressoirs à effets alternatifs.

Certif. d'add. pris le 27 janvier 1848, par *Rousseau*, docteur en médecine, à Épernay, rue Saint-Thibault, n. 3 (Marne).
(B. du 1er août 1845, n. 1914.)

Pressoir à vin, cidre et poiré.

Presse à levier applicable au pressurage du vin, du cidre et de l'huile.

**PRODUIT CHIMIQUE, *v*. NOIR.**

(7047. 5 avril 1848.) Procédé pour obtenir le carbonate de garance.

(7138. 13 mai 1848.) Fabrication de l'oxyde de zinc ou blanc de zinc.

(7203. 30 juin 1848.) Emploi d'une nouvelle matière dans la fabrication de l'acide oxalique.

(7230. 3 juillet 1848.) Appareil destiné à la fabrication de l'acide stéarique.

(7268. 12 juillet 1848.) Composition chimique propre à la clarification des bières de toute espèce.

(7398. 2 septembre 1848.) Procédés de fabrication de certains produits chimiques.

(7403. 2 septembre 1848.) Emploi de l'hyposulfite de soude comme antichlore.

(7513. 7 novembre 1848.) Perfectionnements dans les moyens et procédés propres à fabriquer les couleurs, les huiles, les esprits et les vernis, ainsi que le charbon animal, et encore à traiter les substances végétales, pour en obtenir la matière extractive.

Certif. d'add. pris le 5 avril 1848, par *Héraut*, serrurier, à Grenoble (Isère).
(B. du 10 décembre 1845, n. 2593.)
Autre add. du 30 août 1848.

Certif. d'add. pris le 12 avril 1848, par *Bourgeois*, rue de la Geôle, n. 5, à Caen (Calvados).
(B. du 11 juillet 1846, n. 3858.)

B. de 15 ans, pris le 24 janvier 1848, par *Brunel*, rue des Teinturiers, n. 30, à Avignon (Vaucluse).

B. de 15 ans, pris le 25 janvier 1848, par *Robin*, à Colmar (Haut-Rhin).

B. de 15 ans, pris le 15 février 1848, par *Laming*, route d'Asnières, n. 4, à Clichy-la-Garenne (Seine).

B. de 15 ans, pris le 10 mars 1848, par *Delaprhier*, rue de Granges, n. 16, à Besançon (Doubs).

B. de 15 ans, pris le 20 mars 1848, par *Grenet* fils, chez *Richard*, à Paris, rue Bourtibourg, n. 21.

B. de 15 ans, pris le 19 juillet 1848, par *Boucard*, à Paris, boulevard Saint-Martin, n. 9.

B. de 10 ans, pris le 20 juillet 1848, par *Dambresville*, rue Saint-Roch, à Amiens (Somme).
Add. du 17 novembre 1848.

B. pris le 9 septembre 1848, par *Lines et Freemont*, représentés par *Truffaut*, à Paris, rue de Grammont, n. 17.
( Patente anglaise de 14 ans, expirant le 18 juin 1862.)

(7550. 18 novembre 1848. ) Moyens d'absorber et de décomposer l'acide hydrosulfurique ( seul ou en combinaison avec l'ammoniaque ) , l'acide sulfureux , et de produire du soufre.

B. de 15 ans , pris le 19 septembre 1848, par *Laming*, chimiste-manufacturier, route d'Asnières , n. 4, à Clichy-la-Garenne (Seine).

( 7566. 16 décembre 1848. ) Produit chimique dit *tannate de zinc*.

B. de 10 ans , pris le 20 septembre 1848 , par *Barnil*, à Chauny (Aisne).

(7568. 16 décembre 1848.) Perfectionnements aux procédés et appareils de fabrication de l'acide nitrique (acide azotique).

B. de 15 ans , pris le 12 octobre 1848 , par *Bergerat* , négociant , à Paris , rue de la Vieille-Monnaie, n. 9.

(7598. 20 décembre 1848.) Produit dit *sérum albumineux*, et ses applications à tous les usages de l'albumine de l'œuf.

B. de 15 ans , pris le 20 octobre 1848 , par *Boyer* et comp. , à Paris, rue de la Harpe , n. 33.

Procédés propres à recueillir et à extraire les produits ammoniacaux, etc.

Certif. d'add. pris le 14 août 1848, par *Mallet*, fabricant de produits chimiques, rue de Marseille, n. 7, à la Villette (Seine).
(B. du 20 août 1841, n. 12639.)

Procédé propre à retirer l'oxyde du cobalt.

Certif. d'add. pris le 21 février 1848 , par *Hermann-Willard* , représenté par *Loeb*, à Paris, rue des Fontaines-du-Temple, n. 11.
(B. du 22 décembre 1845, n. 2683.)

Application de la tourbe à la fabrication de l'ammoniaque.

Certif. d'add. pris le 21 janvier 1848 , par *Peigné*, à Paris, boulevard Poissonnière, n. 14.
(B. du 28 novembre 1846, n. 4635.)
Autre add. du 14 juillet 1848.

Procédés de traitement des chlorures de soude et de potasse.

Certif. d'add. pris le 5 janvier 1848 , par *Meldon de Sussex* , représenté par *Reynaud*, à Paris , rue Bleue , n. 16.
(B. du 8 janvier 1847, n. 4860.)

Appareil propre à fabriquer et concentrer l'acide sulfurique.

Certif. d'add. pris le 19 janvier 1848 , par *Schneider*, représenté par *Brunet*, à Paris, boulevard Poissonnière, n. 27.
(B. du 11 juin 1847, n. 5908.)

Fabrication combinée, simultanée et perfectionnée du sel, gemme raffiné et de divers produits chimiques.

Certif. d'add. pris le 11 mai 1848, par *Conrod*, chez *Régnauld*, à Paris, boulevard de la Madeleine, n. 11.
(B. du 20 août 1847, n. 6195.)

Fabrication du carbonate de plomb, etc.

Certif. d'add. pris le 19 septembre 1848, par *Fourmentin*, à Paris, rue Saint-Honoré, n. 373.
(B. du 20 septembre 1847, n. 6363.)

Procédés de fabrication du blanc de zinc.

Certif. d'add. pris le 14 novembre 1848, par *Leclaire*, entrepreneur de peintures, à Paris, rue de la Victoire, n. 28.
(B. du 3 novembre 1847, n. 6625.)

Procédé pour la fabrication du blanc de céruse.

Certif. d'add. pris le 24 janvier 1848, par *Laming*, route d'Asnières, n. 4, à Clichy-la-Garenne (Seine).
(B. du 11 novembre 1847, n. 6678.)

Fabrication du chlore.

Certif. d'add. pris le 24 janvier 1848, par *Laming*, rue d'Asnières, n. 4, à Clichy-la-Garenne (Seine).
(B. du 11 novembre 1847, n. 6679.)
Trois autres add. des 28 janvier, 10 février et 22 mars 1848.

Mode de préparer et d'employer, en peinture, des matières propres à cet usage.

Certif. d'add. pris le 26 janvier 1848, par *Stoclet*, de Bruxelles, représenté par *Armengaud* jeune, à Paris, rue des Filles-du-Calvaire, n. 6.
(B. du 19 novembre 1847, n. 6757.)

**PROPULSION, *v.* MOTEUR, NAVIGATION, VAPEUR (machine à).**

(6997. 13 mars 1848.) Perfectionnements dans les machines mues par la vapeur ou autre fluide convenable, et dans les moyens de propulsion applicables aux voitures et aux vaisseaux.

B. pris le 8 janvier 1848, par *Macintosh*, de Londres, représenté par *Truffaut*, à Paris, rue Favart, n. 8.
(Patente anglaise de 14 ans, expirant le 22 juin 1848.)

(7145. 13 mai 1848.) Perfectionnements dans les machines à vapeur et dans le mécanisme destinés à faire mouvoir les vaisseaux.

B. pris le 4 février 1848, par *Stopford*, représenté par *Truffaut*, à Paris, rue Favart, n. 8.
(Patente anglaise de 14 ans, expirant le 29 juillet 1861.)

(7081. 13 mai 1848.) Perfectionnements dans l'obtention des forces motrices, et dans leur application à la propulsion des bâtiments et des voitures.

B. pris le 29 avril 1847, par *Anderson* de Buttevant (Irlande), représenté par *Reynaud*, à Paris, rue Bleue, n. 16.
(Patente écossaise de 14 ans, expirant le 9 décembre 1860.)

(7337. 17 août 1848.) Perfectionnements dans l'obtention et l'application de la puissance motrice sur les chemins de fer.

B. pris le 9 mai 1848 par *Fell*, de Londres, représenté par *Monvignier*, à Paris, rue de la Verrerie, n. 7.
(Patente anglaise de 14 ans, expirant le 7 octobre 1861.)

(7393. 18 août 1848.) Perfectionnements aux machines, appareils et moyens pour comprimer l'air atmosphérique et l'employer comme pouvoir propulsif des voies de transport, tant par terre que par eau.

B. pris le 6 juin 1848, par *Von Rathen*, représenté par *Morelle*, rue de la Gaîté, n. 31, à Montrouge (Seine).
(Patente anglaise de 14 ans, expirant le 2 novembre 1861.)

(7701. 30 décembre 1848.) Système de propulsion à nageoires applicable à la navigation maritime et fluviale.

B. de 15 ans, pris le 14 novembre 1848, par *Vincent*, mécanicien, à Paris, rue Boucherat, n. 30.

(7772. 30 janvier 1849.) Propulseur à action directe et à réaction applicable à la navigation.

B. de 15 ans, pris le 19 décembre 1848, par *Barroux*, boulevard Chave, n. 52, à Marseille (Bouches-du-Rhône).

(7787. 30 janvier 1849.) Hélice propre à propulser les bateaux à vapeur.

B. de 15 ans, pris le 20 décembre 1848, par *Johnstone*, mécanicien, à Graville (Seine-Inférieure).

Godille mécanique applicable aux navires et bateaux.

Certif. d'add. pris le 6 mai 1848, par *Coullon*, à Paris, place Saint-Germain-l'Auxerrois, n. 31.
(B. du 17 août 1847, n. 6135.)

PUBLICITÉ.

Cartes de publicité dites *cartes parisiennes*.

Certif. d'add. pris le 31 octobre 1848, par *Blaquière*, à Paris, rue de Richelieu, n. 102.
(B. du 27 septembre 1847, n. 6330.)

# R

**RABOT.**

(7136. 13 mai 1848.) Genre de rabot circulaire incliné dit *rabot Levieux*.

B. de 15 ans, pris le 27 janvier 1848, par *Quetel-Trémois*, marchand de bois de construction, à Auteuil, près Paris, route de Versailles, n. 6.

**RAIL**, *v.* CHEMIN DE FER, ENRAYAGE.

**RASOIR.**

(7112. 13 mai 1848.) Perfectionnements dans la fabrication des rasoirs.

B. pris le 27 janvier 1848, par *Henson*, de Londres, représenté par *Purcell*, à Paris, rue de la Chaussée-d'Antin, n. 24.
( Patente anglaise de 14 ans, expirant le 17 juillet 1861.)

(7798. 30 janvier 1849.) Rasoir préservateur dit *rasoir Pléounry*.

B. de 15 ans, pris le 20 décembre 1848, par *Plon*, imprimeur, à Paris, rue de Vaugirard, n. 36.

**RATEAU.**

(7177. 2 juin 1848.) Perfectionnements dans les râteaux propres à l'agriculture, avec l'application d'un repoutreur mobile.

B. de 15 ans, pris le 7 février 1848, par *Pasquier*, chez *Armengaud* aîné, à Paris, rue Saint-Sébastien, n. 19.

**REFENTE DE CUIR ET PEAU.**

(7235. 3 juillet 1848.) Application de la pression atmosphérique à la refente des peaux.

B. de 15 ans, pris le 21 février 1848, par *Duport*, à Paris, rue des Francs-Bourgeois-Saint-Marcel, n. 16.

(7759. 24 janvier 1849.) Machine propre à fendre les peaux et les cuirs, dans leur épaisseur, soit en totalité, soit en partie seulement.

B. de 15 ans, pris le 30 novembre 1848, par *Moreau*, coutelier, à Paris, rue Ménilmontant, n. 23 *bis*.

### REGISTRE.

(6974. 13 mars 1848.) Genre de registres et de portefeuilles pour les médecins et autres personnes.

B. de 15 ans, pris le 6 janvier 1848, par *Blitz* et *Guaisnet*, quai de la Bourse, n. 18, à Rouen (Seine-Inférieure).

(7641. 21 décembre 1848.) Genre de registre.

B. de 15 ans, pris le 21 octobre 1848, par *Fouque*, papetier, à Paris, rue du Mail, n. 33.

Registre à bascule et dos à ressorts.

Certif. d'add. pris le 16 février 1848, par *Sy*, à Paris, rue du Rempart, n. 2.
(B. du 25 avril 1846, n. 3421.)

Genre de registre sans couture.

Certif. d'add. pris le 1er décembre 1848, par *Dubray*, papetier, à Paris, rue Saint-Sauveur, n. 43.
( B. du 1er décembre 1847, n. 6673.)

### RÉGULATEUR , *v.* TISSAGE.

Régulateur mécanique applicable aux meules verticales.

Certif. d'add. pris le 21 septembre 1848, par *Demeuse*, à Epinay-sur-Orge (Seine-et-Oise).
(B. du 28 septembre 1847, n. 6351.)

Régulateur de tréfilerie.

Certif. d'add. pris le 25 octobre 1848, par *Delage* jeune, à Angoulême (Charente).
(B. du 27 octobre 1847, n. 6540.)

### RÉSERVOIR.

(7536. 18 novembre 1848.) Réservoir à écoulement intermittent destiné à obtenir un niveau constant et un écoulement constant et régulier.

B. de 15 ans, pris le 25 septembre 1848, par *Bloch*, chimiste, à Duttlenheim (Bas-Rhin).

## RÉSINE.

(7805. 30 janvier 1849.) Traitement des produits résineux par la vapeur d'eau.

B. de 15 ans, pris le 22 décembre 1848, par *Violette*, commissaire des poudres et salpêtres, à Esquerdes (Pas-de-Calais).

## RESSORT.

(7640. 21 décembre 1848.) *Ressort spiralique torsionnant* applicable aux voitures.

B. de 15 ans, pris le 2 novembre 1848, par *Fouinat-Lacourt*, carrossier, à Troyes (Aube).

(7773. 30 janvier 1849.) Ressort atmosphérique.

B. de 15 ans, pris le 18 décembre 1848, par *de Bergue*, représenté par *Gaigneau*, à Paris, rue Notre-Dame-des-Victoires, n. 26.

## RÉVEIL, *v.* HORLOGERIE.

## ROBINET.

Genre de robinet.

Certif. d'add. pris le 11 octobre 1848, par *Jaquet*, à Paris, rue des Amandiers-Popincourt, n. 4.
(B. du 21 septembre 1846, n. 4311.)

## ROUE.

(7088. 13 mai 1848.) Machines rotatives directes perfectionnées, mues par la vapeur, par l'air ou par tout autre pouvoir élastique, dites *roues universelles*.

B. pris le 19 janvier 1848, par le baron *Antoine Bernhard Von Rathen*, élisant domicile chez *Joanni*, à Paris, rue du Faubourg-Saint-Martin, n. 82.
(Patente anglaise de 14 ans, expirant le 17 juillet 1861.)

## ROUE (cercle de).

(7072. 5 avril 1848.) Genre de cercles de roues, sans soudure, propres aux locomotives, tenders et waggons des chemins de fer.

B. de 15 ans, pris le 27 janvier 1848, par *Renard*, mécanicien, à Paris, rue des Petits-Hôtels, n. 12.

## ROUILLE, *v.* OXYDATION.

**ROULETTE.**

(7817. 7 février 1849.) Globes en porcelaine pour roulettes de meubles.

B. de 15 ans, pris le 28 décembre 1848, par *Guérin*, fondeur, à Paris, rue des Marais-Saint-Martin, n. 66.


**ROUTE.**

(7232. 3 juillet 1848.) Système de chaussée en asphalte sans goudron.

B. de 15 ans, pris le 2 mars 1848, par *Desvarannes* et comp., à Paris, boulevard Poissonnière, n. 23.

(7579. 16 décembre 1848.) Chaussée cannelée en bitume.

B. de 15 ans, pris le 12 octobre 1848, par *Desvarannes*, négociant, à Paris, boulevard Poissonnière, n. 23.


**RUBAN, *v*. TISSAGE.**

Battant mécanique propre à la fabrication des rubans de soie et autres.

Certif. d'add. pris le 6 novembre 1848, par *Terra*, mécanicien, et *Griolier*, passementier, à Saint-Etienne (Loire). (B. du 6 mai 1847, n. 5542.)


# S


**SABOT.**

Sabot ligno-métallique.

Certif. d'add. pris le 18 janvier 1848, par *Marche*, à Condé-sur-Iton (Eure). (B. du 10 janvier 1846, n. 2789.)


**SAUVETAGE.**

(7023. 29 mars 1848.) Appareils de sauvetage destinés à sauver des personnes et des objets de valeur en cas de naufrage.

B. pris le 13 janvier 1848, par *Dyne* et *Haggar*, représentés par *Purcell*, à Paris, rue de la Chaussée-d'Antin, n. 24. (Patente anglaise de 14 ans, expirant le 22 mai 1861.)

(7166. 2 juin 1848.) Perfectionnements apportés aux bateaux de sauvetage.

B. de 15 ans, pris le 7 février 1848, par *Halkett*, représenté par *Perpigna*, à Paris, rue Neuve-Saint-Augustin, n. 10.

(7472. 7 octobre 1848.) Cylindre flexible frotteur.

B. pris le 19 août 1848, par *Hély de Reginald*, représenté par *Féron*, à Paris, rue Bellefond, n. 30.
(Patente anglaise de 14 ans, expirant le 15 avril 1861.)

SAVON.

Perfectionnements à la fabrication des savons.

Certif. pris le 15 septembre 1848, par *Gérard*, fabricant de savon, rue Fondary, n. 43, à Grenelle (Seine).
(B. du 9 décembre 1846, n. 4711.)

SAVON (enveloppe de).

(7240. 3 juillet 1848.) Enveloppe gommo-gélatineuse pour savons de toilette.

B. de 15 ans, pris le 9 mars 1848, par *Houitte*, pharmacien, à Brest (Finistère).

SCHISTE (distillation du).

(7159. 2 juin 1848.) Appareil diaphragmé isolateur pour la distillation du schiste bitumineux.

B. de 15 ans, pris le 8 février 1848, par *Delahaye*, à Paris, rue Lancry, n. 35.

SCIAGE.

(7022. 29 mars 1848.) Procédés de sciage donnant des résultats, les uns nouveaux, les autres plus parfaits.

B. de 15 ans, pris le 17 janvier 1848, par *Dupré*, professeur, faubourg de Paris, n. 19, à Rennes (Ille-et-Vilaine).

(7294. 8 août 1848.) Perfectionnements à une scie circulaire destinée à couper la pierre tendre, pour laquelle le sieur *Reynard-Lespinasse* a pris un brevet le 31 mars 1847.

B. de 15 ans, pris le 8 avril 1848, par *Bernard*, chez *Margarot*, rue des Frères-Mineurs, à Nîmes (Gard).

(7371. 18 août 1848.) Machine dite *ligniserrigue*, propre à scier le bois à domicile.

B. de 15 ans, pris le 22 juin 1848, par *Eno* et *Dennebecq*, à Paris, rue des Récollets, n. 8.
Add. du 12 août 1848.

**SCRUTIN.**

(7395. 2 septembre 1848.) Machine destinée à compter les votes, dite *scrutin* ou *machine à voter*.

B. de 15 ans, pris le 7 juillet 1848, par *A. tier*, rue Saint-Nicolas, n. 59, à Nancy (Meurthe).

(7396. 2 septembre 1848.) Appareil dit *scrutateur mécanique*, propre à donner le résultat des votes dans toute espèce de scrutin.

B. de 15 ans, pris le 18 juillet 1848, par *Barancwski*, à Paris, rue Neuve-Clichy, n. 3.

(7775. 30 janvier 1849.) Perfectionnements dans les appareils destinés à enregistrer les votes aux élections.

B. pris le 22 décembre 1848, par *Chamberlin*, représenté par *Truffaut*, à Paris, rue de Grammont, n. 17.
(Patente anglaise de 14 ans, expirant le 13 juin 1862.)

**SÉCHAGE**, *v.* **TISSU** (séchage, etc., de).

(7144. 13 mai 1848.) Système de séchage de chaînes de coton aux machines à parer dit *aérophile*.

B. de 15 ans, pris le 4 février 1848, par *Stamm*, à Thann (Haut-Rhin).

(7464. 7 octobre 1848.) Machine à sécher la laine et autres étoffes.

B. de 15 ans, pris le 18 juin 1848, par *Blind*, à la Robertsau, n. 298, banlieue de Strasbourg (Bas-Rhin).

(7680. 30 décembre 1848.) Emploi de l'air chaud pour le séchage du papier.

B. de 15 ans, pris le 16 novembre 1848, par *Jarry*, fabricant de papier, à Paris, quai des Grands-Augustins, n. 47.

**SEL.**

(7770. 30 janvier 1849.) Utilisation des eaux mères, résidu de la fabrication du sel marin, à la production du sel blanc menu raffiné et du sel à faible densité.

B. de 15 ans, pris le 21 décembre 1848, par *Agard*, négociant, rue de la Glacière, n. 7, à Aix (Bouches-du-Rhône).

## SELLERIE.

(6983. 13 mars 1848.) Mors-filet.

B. de 15 ans, pris le 8 janvier 1848, par *Dubroca*, à Tarbes (Hautes-Pyrénées).

(7324. 8 août 1848.) Bride-muselière.

B. de 15 ans, pris le 27 mars 1848, par *Vuillemot*, à Paris, rue Neuve-Chabrol, n. 13.

## SEMOIR.

(7597. 20 décembre 1848.) Semoir mécanique dit *semoir Aycard*.

B. de 15 ans, pris le 16 octobre 1848, par *Aycard*, fabricant d'instruments aratoires, rue Gérard, n. 7, à Marseille (Bouches-du-Rhône).

## SERINGUE.

(7375. 18 août 1848.) Système de clysoir atmosphérique.

B. de 15 ans, pris le 6 juin 1848, par *Guérin* jeune et comp., à Paris, rue des Fossés-Montmartre, n. 5.

(7400. 2 septembre 1848.) Seringue mécanique en carton.

B. de 15 ans, pris le 28 juillet 1848, par *Briquel*, docteur en médecine, à Epinal (Vosges).

(7517. 7 novembre 1848.) Système de clysopompe.

B. de 15 ans, pris le 2 septembre 1848, par *Moussard*, mécanicien, à Paris, passage Joinville, n. 7 et 9.

## SERRURE ET SERRURERIE.

(7460. 9 septembre 1848.) Perfectionnements aux serrures.

B. de 15 ans, pris le 2 août 1848, par *Tessier*, mécanicien, à Paris, rue du Petit-Musc, à la Herse d'or.

(7529. 7 novembre 1848.) Serrures à *novateur*, telles que sûreté, tour et demi et becs-de-cane incrochetables.

B. de 15 ans, pris le 4 septembre 1848, par *de Villencourt*, fabricant de serrurerie, chez *Dandiran*, à Paris, passage Jouffroy, n. 64.
Add. du 2 décembre 1848.

(7801. 30 janvier 1848.) Système de serrure dite *rokaugietners*.

B. de 15 ans, pris le 19 décembre 1848, par *Roguier* et *Kastner*, à Paris, rue du Nord, n. 20.

Combinaisons de serrures.

Certif. d'add. pris le 31 janvier 1848, par *Fayet-Baron*, chez *Fontaine*, à Paris, rue Saint-Honoré, n. 269.
(B. du 22 janvier 1847, n. 4898.)

Serrure cylindrique.

Certif. d'add. pris le 26 janvier 1848, par *Brémond*, commis à Marseille, rue du Vieux-Chemin-de-Rome, n. 97 (Bouches-du-Rhône).
(B. du 15 février 1847, n. 5074.)

**SIGNAL**, *v.* TÉLÉGRAPHIE.

(7049. 5 avril 1848.) Instrument dit *trompette-signal*, propre à faire des signaux sur mer et sur les chemins de fer.

B. de 15 ans, pris le 17 janvier 1848, par *Darche*, fabricant d'instruments de musique, à Paris, rue des Fossés-Montmartre, n. 7.

(7163. 2 juin 1848.) Phare à signaux de côté pour chemins de fer.

B. de 15 ans, pris le 12 février 1848, par *Flament*, chez *Armengaud* jeune, à Paris, rue des Filles-du-Calvaire, n. 6.

Système de signaux, etc.

Certif. d'add. pris le 19 janvier 1848, par *Henry* et *de la Chapelle*, chaussée du Maine, n. 7, commune de Montrouge (Seine).
(B. du 29 novembre 1847, n. 6731.)
Autre add. du 2 février 1848.

**SIPHON.**

(7646. 21 décembre 1848.) Siphon inamorçable applicable à tout godet de noria.

B. de 15 ans, pris le 6 novembre 1848, par *Jeansoulin*, pompier-ferblantier, rue de Rome, n. 30, à Marseille (Bouch.-du-Rhône).

**SOIE.**

(7090. 13 mai 1848.) Procédé à filer la bourre de soie.

B. de 15 ans, pris le 3 février 1848, par *Bonnier*, fabricant de métiers, à Templeuve (Nord).

(7348. 17 août 1848.) Système de moulinage dit *de Payre*, comprenant toutes les opérations qui se rattachent à cette préparation de la soie.

B. de 15 ans, pris le 15 mai 1848, par *Payre*, mécanicien, rue des Grès, n. 9, à Saint-Etienne (Loire).

(7336. 17 août 1848.) Rouet mécanique propre au dévidage des soies.

B. de 15 ans, pris le 2 juin 1848, par *Exbrayat* et *Joly*, à Saint-Etienne (Loire).

(7418. 2 septembre 1848.) Perfectionnements des métiers à tisser les étoffes de soie unies et façonnées.

B. de 15 ans, pris le 26 juillet 1848, par *Loupy*, côte Saint-Sébastien, n. 24, à Lyon (Rhône).

(7498. 7 novembre 1848.) Procédé d'étirage et de lustrage de la soie teinte.

B. de 15 ans, pris le 6 septembre 1848, par *Burdiat*, négociant, grande rue Sainte-Catherine, n. 15, à Lyon (Rhône).

## SOIERIE.

(7815. 7 février 1849.) Canetière propre au tissage des étoffes de soie.

B. de 15 ans, pris le 28 décembre 1848, par *Duchamp*, mécanicien, rue du Commerce, n. 22, à Lyon (Rhône).

## SOUDAGE.

(7071. 5 avril 1848.) Méthodes perfectionnées de joindre, unir ou souder certains métaux et alliages de métaux.

B. pris le 24 janvier 1848, par *Perlbach*, représenté par *Oppeneau*, à Paris, rue des Amandiers-Popincourt, n. 22.
(Patente anglaise de 14 ans, expirant le 23 juillet 1861.)

## SOUFFLERIE.

Système de pompes à forge à jet continu par un réservoir d'air chaud sans contre-partie mobile.

Certif. d'add. pris le 9 mai 1848, par *Moussard*, à Paris, passage Joinville, n. 7 et 9, faubourg du Temple.
(B. du 10 mai 1847, n. 5572.)

## SOUS-PIED.

(7756. 24 janvier 1849.) Souspied à charnière mobile.

B. de 15 ans, pris le 2 décembre 1848, par *Léguillon*, à Paris, rue Saint-Etienne-Bonne-Nouvelle, n. 9.

## SUCRE.

(7006. 13 mars 1848.) Système de claie pour maintenir les sacs de pulpe soumis à la presse hydraulique dans les sucreries.

B. de 15 ans, pris le 6 janvier 1848, par *Schmitt*, mécanicien, rue du Quesnoy, n. 39, à Valenciennes (Nord).

(**7389. 18 août 1848.**) Perfectionnements dans la fabrication du sucre provenant de la canne et d'autres substances.

B. pris le 9 juin 1848, par *Scoffern*, représenté par *Truffaut*, à Paris, rue de Grammont, n. 17.
(Patente anglaise de 14 ans, expirant le 18 décembre 1861.)

(**7419. 2 septembre 1848.**) Procédés d'extraction et de raffinage du sucre contenu dans la canne, la betterave ou autres plantes, et moyens propres à empêcher son altération dans les végétaux pendant leur conservation et dans les appareils pendant son extraction.

B. de 15 ans, pris le 21 juillet 1848, par *Mège*, à Paris, rue Albouy, n. 14.

(**7625. 20 décembre 1848.**) Application de la force centrifuge à la fabrication et au raffinage du sucre.

B. de 15 ans, pris le 25 octobre 1848, par *Seyrig*, *Grar*, *Harpignies*, *Blanquet* et comp., et *Bernard* frères, chez *Morelle*, rue de la Gaîté, n. 31, à Montrouge (Seine).

(**7764. 24 janvier 1849.**) Emploi des corps gras à l'effet d'enlever, par la saponification, la chaux contenue dans les dissolutions sucrées.

B. de 15 ans, pris le 12 décembre 1848, par *Serret*, *Hamoir*, *Duquesne* et comp., négociants, à Valenciennes (Nord).

# T

**TABAC.**

(**7369. 18 août 1848.**) Réduction du tabac en pierre.

B. pris le 15 juin 1848, par *Dubus*, représenté par *Morelle*, rue de la Gaîté, n. 31, à Montrouge (Seine).
(B. belge de 15 ans, expirant le 10 novembre 1862.)

**TABLE.**

(7191. 30 juin 1848.) Système de coulisses à galets appliquées aux tables.

B. de 15 ans, pris le 14 février 1848, par *Destor*, à Paris, rue de Charonne, n. 66.

**TAMBOUR.**

(6984. 13 mars 1848.) Genre d'armature des caisses de tambours.

B. de 5 ans, pris le 7 janvier 1848, par *Duclos*, maçon, à Paris. rue de Longchamp, n. 13.

**TANNAGE.**

(7073. 5 avril 1848.) Procédé de tannage.

B. de 15 ans, pris le 21 janvier 1848, par *Roche* et *Suser*, à Nantes (Loire-Inférieure).

(7465. 7 octobre 1848.) Procédé pour le tannage des cuirs.

B. de 15 ans, pris le 8 août 1848, par *Carrière*, chez *Truffaut*, à Paris, rue de Grammont, n. 17.

**TEINTURE, v. GARANCE, IMPRESSION SUR ÉTOFFE.**

(7003. 13 mars 1848.) Composition de teintures en bleu, gris, lilas et agate, sans emploi d'indigo, le tout bon teint.

B. de 15 ans, pris le 13 janvier 1848, par *Rydin*, teinturier, à Boras (Suède), élisant domicile chez *Herlofsen*, rue de Buffon, n. 5, à Rouen (Seine-Inférieure).

(7168. 2 juin 1848.) Genre de bleu.

B. de 15 ans, pris le 12 février 1848, par *Jobert*, à Paris, rue Coquenard, n. 10 *bis*.

(7194. 30 juin 1848.) Procédé de teinture de la soie par l'emploi d'une liqueur extraite de plantes fourragères et potagères.

B. de 15 ans, pris le 16 février 1848, par *Duchez*, à Saint-Chamond (Loire).

(7426. 2 septembre 1848.) Appareil servant à chauffer, par la vapeur, les cuves à garancer ou à teindre les indiennes.

B. de 15 ans, pris le 11 juillet 1848, par *Renaux*, rue Saint-Hilaire, n. 67, à Rouen (Seine-Inférieure).

(7478. 7 octobre 1848.) Procédés propres à la fabrication de l'orseille.

B. de 15 ans, pris le 14 août 1848, par la demoiselle *Lefranc*, à Paris, rue Ménilmontant, n. 11 *bis*.

( 7587. 16 décembre 1848.) Remplacement des débouillages, application des matières tinctoriales, des mordants, pour la teinture de toutes nuances et le blanchiment des fils, ou non filés, de chanvre, de lin et de coton, au moyen de la pression des fluides, par une nouvelle application de la pompe foulante.

B. de 15 ans, pris le 7 octobre 1848, par *Lebigre*, teinturier, pavé Saint-Hilaire, n. 85, à Rouen (Seine-Inférieure).

(7658. 21 décembre 1848.) Mode de fabrication d'orseille.

B. de 15 ans, pris le 31 octobre 1848, par *Pommier*, élève en chimie, à Paris, quai Jemmapes, n. 188.
Add. du 8 novembre 1848.

Fixation, à l'aide de réactifs chimiques, sur toutes les matières, par l'impression et par la teinture, des principes colorants extraits de toutes les fleurs.

Certif. d'add. pris le 26 décembre 1848, par *Mollet*, rue Gresset, n. 18, à Amiens (Somme).
(B. du 25 juin 1847, n. 5895.)

Appareils à circulation d'eau applicables à l'extraction des matières colorantes.

Certif. d'add. pris le 25 mai 1848, par *Chapsal*, représenté par *Armengaud* aîné, à Paris, rue Saint-Sébastien, n. 19.
(B. du 2 septembre 1847, n. 6261.)

Perfectionnements dans les procédés de teinture et de lavage.

Certif. d'add. pris le 7 janvier 1848, par *Duhomme* aîné, négociant, chez *Armengaud* jeune, à Paris, rue des Filles-du-Calvaire, n. 6.
(B. pris le 6 septembre 1847, n. 6272.)

**TÉLÉGRAPHIE, v. SIGNAL.**

( 7428. 2 septembre 1848.) Télégraphe pneumatique souterrain.

B. de 5 ans, pris le 19 juillet 1848, par *Werquin* fils, à Roubaix (Nord).

(7474. 7 octobre 1848.) Perfectionnements dans la construction des télégraphes électriques.

B. pris le 18 août 1848, par *Highton* (*Henry* et *Edward*), représentés par *Truffaut*, à Paris, rue Favart, n. 8.
( Patente anglaise de 14 ans, expirant le 25 janvier 1862.)

**TENSION DE FIL DE FER.**

Machine dite *le tendeur*, nécessaire à l'emploi du fil de fer dans les treillages.

Certif. d'add. pris le 4 mars 1848, par *Nauroy*, à Pagny-sur-Moselle (Meurthe).
(B. du 28 octobre 1847, n. 6750.)

**TENTE.**

(7405. 2 septembre 1848.) Système de tente portative propre à l'armée et aux jardins.

B. de 15 ans, pris le 19 juillet 1848, par *Deblesson*, à Paris, rue Hauteville, n. 38.

**TENTURE.**

(7252. 3 juillet 1848.) Armatures mobiles de rideaux et de draperies se développant et se repliant seules et parallèlement au plafond, lorsqu'on ouvre et que l'on referme la croisée.

B. de 15 ans, pris le 2 mars 1848, par *Parvillez*, à Paris, rue Jarente, n. 10.

**TERRASSEMENT.**

(7710. 16 janvier 1849.) Waggon de terrassement à deux roues.

B. de 15 ans, pris le 22 novembre 1848, par *Courbatère*, conducteur des ponts et chaussées, à Angoulème (Charente).

**TERRE CUITE.**

(7095. 13 mai 1848.) Machine propre à fabriquer des pannes à couvrir.

B. de 15 ans, pris le 8 février 1848, par *Carré* et comp., faubourg de Bretagne, n. 132, à Péronne (Somme).

(7192. 30 juin 1848.) Espèce de tuiles dites *tuiles embrevées*.

B. de 15 ans, pris le 19 février 1848, par *Dubosc*, à Grandvilliers (Oise).

(7433. 9 septembre 1848.) Système propre à fabriquer la brique ou le carreau.

B. de 15 ans, pris le 28 juillet 1848, par *Chavanne*, à Paris, rue des Amandiers-Popincourt, n. 16.

(7451. 9 septembre 1848.) Machine à pression propre à la fabrication des briques, carreaux, etc.

B. de 15 ans, pris le 3 août 1848, par *Ligniel* et *Roux*, à Paris, rue Saint-Maur-Popincourt, n. 14.

(7632. 21 décembre 1848.) Briques et poteries tubulaires.

B. de 15 ans, pris le 28 octobre 1848, par les sieurs *Borie*, à Paris, boulevard Poissonnière, n. 24.

Genre de tuiles dites *tuiles vosgiennes.*

Certif. d'add. pris le 19 février 1848, par *Jolibois*, à Deyvillers (Vosges).
(B. du 5 mars 1847, n. 5157.)

Système de tuiles demi-plates.

Certif. d'add. pris le 24 mars 1848, par *Grandjean*, à Goin (Moselle).
(B. du 10 mai 1847, n. 5455.)

Système de fabrication de tuiles plates avec deux rebords pour couvertures d'édifices.

Certif. d'add. pris le 28 juin 1848, par *Buisson-Lalande*, rue Devise-Sainte-Catherine, n. 36, à Bordeaux (Gironde).
(B. du 27 novembre 1847, n. 6708.)

**TISSAGE, *v.* FILATURE, RUBAN, SOIE, TISSU.**

(6981. 13 mars 1848.) Fabrication de fuseaux destinés aux métiers à fabriquer les tissus.

B. de 15 ans, pris le 7 janvier 1848, par *Crozet* et *Magnin* (Loire).

(6999. 13 mars 1848.) Battant-brocheur divisé par chemins, dit *battant Martinet.*

B. de 15 ans, pris le 10 janvier 1848, par *Martinet* frères, à Paris, rue Saint-Maur-Popincourt, n. 12.

(7122. 13 mai 1848.) Système et procédés pour tisser, sur métiers leavers et circulaires, sans augmenter le nombre de bobines et de carréges, des tulles de différents genres d'un point une fois ou moitié plus fin que l'intérieur du métier.

B. de 10 ans, pris le 24 janvier 1848, par *Maillot, Austin* et *Oldknow*, fabricants de tulle, à Lille, rue Princesse, n. 9 *bis* (Nord).

(7048. 5 avril 1848.) Mode de tissage dit *système Chauffroy.*

B. de 15 ans, pris le 25 janvier 1848, par *Chauffroy*, rue Beauvoisine, n. 153, à Rouen (Seine-Inférieure).

(7209. 30 juin 1848.) Certains perfectionnements aux métiers à la Jacquart.

B. de 15 ans, pris le 15 février 1848, par *Meunier*, à Paris, rue Mouffetard, n. 284.

(**7223.** 3 juillet 1848.) Régulateur de métiers à tisser.

B. de 15 ans, pris le 3 mars 1848, par *André*, mécanicien, à Thann (Haut-Rhin).

(**7239.** 3 juillet 1848.) Système de métier à tisser.

B. de 15 ans, pris le 8 mars 1848, par *Heller*, représenté par *Birmann*, à Paris, rue Sainte-Avoye, n. 38.

(**7338.** 17 août 1848.) Métier à tisser à bras, à double chaîne, disposé de manière à chasser deux navettes à la fois.

B. de 15 ans, pris le 25 mai 1848, par *Ziegler*, représenté par *Amouroux*, à Paris, rue Charlot, n. 47.

(**7402.** 2 septembre 1848.) Application de la vapeur employée, sur les métiers circulaires, à tous les filaments possibles.

B. de 15 ans, pris le 31 juillet 1848, par *Coquet-Vivien*, fabricant de bonneterie, à Troyes (Aube).

(**7447.** 9 septembre 1848.) Machine dite *plateau à dessin et balancier mécanique.* s'adaptant à tout métier à tisser, lui faisant changer de navette de lui-même et exécuter, sans aucun secours manuel, tous les tissus et dessins en carreaux, avec un nombre de navettes voulu.

B. de 15 ans, pris le 14 août 1848, par *Horstmann*, à Sainte-Marie-aux-Mines (Haut-Rhin).

(**7469.** 7 octobre 1848.) Encollage, séchage, et montage mécanique et simultané des chaînes de laine et de toute autre matière filamenteuse.

B. de 15 ans, pris le 26 août 1848, par *Gand*, rue Raissant, n. 3, à Reims (Marne).

(**7532.** 18 novembre 1848.) Moyens 1° de broder en tissant sur toute espèce d'étoffes ou rubans ; 2° d'épingler ces mêmes étoffes ou rubans au moyen d'un fil sans fin, invention pouvant s'appliquer à toutes sortes de matières à tisser.

B. de 15 ans, pris le 21 septembre 1848, par *Baret*, professeur de théorie de fabrique, place du Peuple, à Saint-Etienne (Loire).

(7628. 20 décembre 1848.) Ensouple mécanique pour la fabrication des tissus *rondes bosses*.

B. de 15 ans, pris le 16 octobre 1848, par *Voisin*, négociant, rue Saint-Joseph, n. 10, à Lyon (Rhône).

(7601. 20 décembre 1848.) Machine à tisser les étoffes façonnées, dite *jacquart simplifiée*.

B. de 15 ans, pris le 18 octobre 1848, par *Couturier*, mécanicien, à la Croix-Rousse, place de la Mairie, n. 1, 2, 3, à Lyon (Rhône).

(7661. 21 décembre 1848.) Modification apportée au mécanisme dit *à la Jacquart*, et son application à la fabrication des tissus façonnés en tout genre et en toute matière, fabrication dite *marchure brisée ou à double effet*.

B. de 15 ans, pris le 25 octobre 1848, par *Vernhet*, employé à la fabrication des rubans, à Saint-Étienne (Loire).

(7653. 21 décembre 1848.) Deux appareils s'adaptant aux métiers à tisser.

B. de 15 ans, pris le 26 octobre 1848, par *Müller* fils, à Sainte-Croix-aux-Mines (Haut-Rhin).

(7637. 21 décembre 1848.) Procédé pour fabriquer la laine sur les métiers circulaires, et appareil qui en fait partie.

B. de 15 ans, pris le 31 octobre 1848, par *Dard*, fabricant de tricots, à Troyes (Aube).

(7670. 30 décembre 1848.) Application du cordonnet en caoutchouc à la fixation des lisses des lames élastiques en usage dans l'opération du tissage.

B. de 15 ans, pris le 7 novembre 1848, par *David-Labbez* et comp., à Sains (Aisne), et chez *Montfort*, à Paris, rue de la Victoire, 21 *ter*.

(7730. 16 janvier 1849.) Perfectionnement aux peignes à tisser toute étoffe, à l'aide d'une aiguille.

B. de 15 ans, pris le 20 novembre 1848, par *Portefay* et *Tissier*, à Saint-Étienne (Loire).

(7715. 16 janvier 1849.) Machine propre au lisage et au repiquage mécaniques des cartons.

B. de 15 ans, pris le 24 novembre 1848, par *Gataz*, fabricant d'étoffes de soie, rue de Cuire, n. 1, à la Croix-Rousse (Rhône).

(7711. 16 janvier 1849.) Commande directe de poulies main-douces indépendantes des cannelées dans les mull-jennys.

B. de 15 ans, pris le 1ᵉʳ décembre 1848, par *Danguy*, constructeur-mécanicien, rue Lafayette, n. 21, à Rouen (Seine-Inférieure).

(7751. 24 janvier 1849.) Machine propre à faire des tissus de tous dessins, sans cartons, lisage ni mise en carte.

B. de 15 ans, pris le 1ᵉʳ décembre 1848, par *Duray* et *Praxel*, chez *Tournay*, à Paris, rue Aumaire, n. 47.

(7736. 24 janvier 1849.) Perfectionnements des métiers à tisser les rubans par un moteur mécanique.

B. de 15 ans, pris le 7 décembre 1848, par *Bazelaire*, rue Sainte-Hélène, n. 26, à Lyon (Rhône).

(7742. 24 janvier 1849.) Navette multiple, rouet et cantre pour la fabrication des étoffes.

B. de 15 ans, pris le 7 décembre 1848, par *Brunet*, plieur, et *Roussy*, fabricant d'étoffes, rue Belle-Cordière, n. 7, à Lyon (Rhône).

(7747. 24 janvier 1849.) Appareil à vitesse remplaçant les taquets et lanières, applicable à toute espèce de métiers à tisser.

B. de 15 ans, pris le 7 décembre 1848, par *Dejean*, mécanicien, à Thann (Haut-Rhin).

(7750. 24 janvier 1849.) Système de tissage à la brodeuse sans navette.

B. de 15 ans, pris le 11 décembre 1848, par *Dumoulin* et la dame *Seux*, représentés par *Dargère*, à Tarare (Rhône).

Perfectionnements apportés à la machine Jacquart.

Certif. d'add. pris le 13 mars 1848, par *Bosquillon*, à Paris, rue du Banquier, n. 5.
(B. du 23 octobre 1840, n. 11795.)

Système Jacquart fonctionnant sans cartons, applicable aux métiers à tulle et à tous les métiers à tissus.

Certif. d'add. pris le 22 janvier 1848, par *Martin*, mécanicien, à Saint-Pierre-lès-Calais (Pas-de-Calais).
(B. du 29 décembre 1846, n. 4776.)

Régulateur pouvant s'adapter à tous les métiers à tisser.

Certif. d'add. pris le 24 octobre 1848, par *Laurent*, mécanicien, représenté par *Armengaud* jeune, à Paris, rue des Filles-du-Calvaire, n. 6.
(B. du 5 janvier 1847, n. 4853.)

9

Machine à parer les fils de chanvre, lin et coton, pour les chaînes de toute espèce de tissage, etc.

Certif. d'add. pris le 23 mars 1848, par *Larible*, à Tourville-sur-Arques (Seine-Inférieure).
(B. du 27 février 1847, n. 5120.)

Système de battant-brocheur marchant mécaniquement, applicable à la fabrication de toute espèce de tissus.

Certif. d'add. pris le 28 octobre 1848, par *Nallet* et *Roussel* fils aîné, représentés par *le Blanc*, à Paris, rue Sainte-Appoline, n. 2.
(B. du 29 octobre 1847, n. 6636.)

Système de collage des laines.

Certif. d'add. pris le 2 février 1848, par *Rentgens*, tisseur, à Sedan (Ardennes).
(B. du 16 novembre 1847, n. 6646.)

**TISSU.**

(7011. 29 mars 1848.) Etoffe multiple composée spécialement pour chapeaux de dames.

B. de 15 ans, pris le 14 janvier 1848, par *Beyard* frères et *Pinaud*, à Paris, les premiers, rue Sainte-Avoye, n. 31, et le second, rue de Richelieu, n. 97.

(7217. 30 juin 1848.) Appareil élargisseur à supports mobiles, et appuis mobiles et flexibles.

B. de 15 ans, pris le 19 février 1848, par *Pimont*, rue de la Chaîne, n. 31, à Rouen (Seine-Inférieure).

(7254. 3 juillet 1848.) Genre de drap ou étoffe dans laquelle se trouvent la finesse, la souplesse et une grande force de résistance.

B. de 15 ans, pris le 4 mars 1848, par *Rastier* fils, chez *le Blanc*, à Paris, rue Sainte-Appoline, n. 2.

(7495. 7 octobre 1848.) Genre de tissu servant particulièrement à la confection des tapis.

B. de 15 ans, pris le 22 août 1848, par *Zuppinger*, représenté par *Ziegler*, à Guebwiller (Haut-Rhin).

(7555. 18 novembre 1848.) Etoffes dites *orientales*.

B. de 15 ans, pris le 23 septembre 1848, par *Marix* et *Marchand*, négociants à Paris, rue Montmartre, n. 148.

(7543. 18 novembre 1848.) Fabrication des velours unis et façonnés et de tous genres d'étoffes damassées et brochées.

B. de 15 ans, pris le 30 septembre 1848, par *Fillier* fils, fabricant d'étoffes, rue Molière, n. 4, à la Guillotière (Rhône).

(7565. 16 décembre 1848.) Fabrication d'un tissu à plusieurs doubles, à l'aide d'un métier à tisser dit *à la marche*, avec deux ensouples, tissu applicable à divers usages.

B. de 15 ans, pris le 7 octobre 1848, par *Aufray*, fabricant de tissus, à Paris, rue Sainte-Avoye, n. 30.

(7649. 21 décembre 1848.) Système de fabrication d'étoffes à rayures et à carreaux, imitant les étoffes brochées.

B. de 15 ans, pris le 3 novembre 1848, par *Lein* et *Ogé*, à Rouen, élisant domicile chez *Perpigna*, à Paris, rue Neuve-Saint-Augustin, n. 10.

(7806. 30 janvier 1849.) Fabrication d'étoffes tressées avec le poil des animaux.

B. pris le 22 décembre 1848, par *Westhead*, représenté par *Truffaut*, à Paris, rue de Grammont, n. 17.
(Patente anglaise de 14 ans, expirant le 13 juin 1862.)

**TISSU** (séchage, apprêt, etc., de).

(7034. 29 mars 1848.) Perfectionnements aux appareils destinés à étendre, sécher et apprêter les tissus.

B. pris le 15 janvier 1848, par *Philippi*, représenté par *Perpigna*, à Paris, rue Neuve-Saint-Augustin, n. 10.
(Patente anglaise de 14 ans, expirant le 15 juin 1861.)

**TOILE MÉTALLIQUE.**

(7613. 20 décembre 1848.) Système de toiles métalliques à chaîne double et croisée.

B. de 15 ans, pris le 17 octobre 1848, par *Lang*, fabricant de toiles métalliques, représenté par *Franck*, à Schelestadt (Bas-Rhin).

**TORD-LIEN.**

(7549. 18 novembre 1848.) Machine dite *tord-lien*.

B. de 15 ans, pris le 5 octobre 1848, par *Helloin-Penn*, maire d'Aunay (Calvados).

**TOURBE**, *v.* **COMBUSTIBLE.**

(7823. 7 février 1849. Perfectionnements apportés tant à la préparation de la tourbe, comme combustible, qu'à la combinaison de cette substance avec d'autres matières pour la formation d'engrais.

B. pris le 29 décembre 1848, par *Rogers*, à Dublin, représenté par *Perpigna*, à Paris, rue Neuve-Saint-Augustin, n. 10.
(Patente anglaise de 14 ans, expirant le 1er juin 1862.)

**TRANSPORT.**

(7304. 8 août 1848.) Mode de transport à l'intérieur et aux abords de chaque ville.

B. de 15 ans, pris le 15 mai 1848, par *de Courchant*, à Paris, rue Buffault, n. 24.

(7505. 7 novembre 1848.) Moyen mécanique propre au transport des arbres et des matériaux.

B. de 15 ans, pris le 13 septembre 1848, par *Desenclos*, mécanicien, chez *Allemand*, à Paris, boulevard Bonne-Nouvelle, n. 21.

**TRICOT.**

(7489. 7 octobre 1848.) Perfectionnements aux métiers circulaires intérieurs et extérieurs à tricot.

B. de 15 ans, pris le 19 août 1848, par *Poitevin*, *de Roulet* et *Durand*, à Paris, rue Saint-Lazare, n. 104.

(7499. 7 novembre 1848.) Procédé propre à obtenir un dessin désigné, sur toute sorte de tricot.

B. de 15 ans, pris le 2 septembre 1848, par *Charmetton*, voyageur de commerce, à Belligny (Rhône).

(7500. 7 novembre 1848.) Perfectionnements pour la fabrication de nouvelles espèces d'étoffes tricotées.

B. de 15 ans, pris le 8 septembre 1848, par *Claussen*, de Londres, représenté par *Oppeneau*, à Paris, rue des Amandiers-Popincourt, n. 22.

**TROTTOIR.**

(7297. 8 août 1848.) Mode d'application du bitume à la confection des trottoirs sans élévation ni bordure.

B. de 15 ans, pris le 25 avril 1848, par *Cordon*, rue de l'Empereur, n. 23, à Montmartre (Seine).

**TUBE.**

(6987. 13 mars 1848.) Tube à torsion formant charnière.

B. de 15 ans, pris le 4 janvier 1848, par *Ecoffet* et *Clairet*, à Paris, cité Bergère, n. 3.

(7178. 2 juin 1848.) Perfectionnements dans la fabrication des tubes soudés à recouvrement, et dans la manière de les appliquer.

B. de 15 ans, pris le 8 février 1848, par *Pigeon* et comp., chez *Merle*, à Paris, rue Vivienne, n. 18.

(7802. 30 janvier 1849.) Fabrication des tubes en métal.

B. de 15 ans , pris le 14 décembre 1848, par *Scholefield* , à Paris, rue Petrelle, n. 7.

**TURBINE, v. HYDRAULIQUE.**

**TUYAU.**

( 7436. 9 septembre 1848.) Perfectionnements dans la fabrication des tuyaux en métal.

B. pris le 31 juillet 1848, par *Cutler*, représenté par *Perpigna*, à Paris, rue Neuve-Saint-Augustin, n. 10.
(Patente anglaise de 14 ans, expirant le 13 janvier 1862.)

(7629. 20 décembre 1848.) Perfectionnements dans la confection et la disposition des raccords propres à joindre les tuyaux et à opérer d'autres jointures.

B. pris le 13 octobre 1848, par *West* et *Thompson*, de New-York, représentés par *Perpigna*, à Paris, rue Neuve-Saint-Augustin, n. 10.
(Patente anglaise de 14 ans, expirant le 27 juin 1862.)

(7672. 30 décembre 1848.) Système de tuyaux monolithes à grande section pour la conduite des eaux, et également applicable à la conduite du gaz.

B. de 15 ans, pris le 16 novembre 1848, par *Duval-Pirou*, à Paris, rue Saint-Denis, n. 277.

Appareil propre à faire des gouttières et des tuyaux.

Certif. d'add. pris le 3 juillet 1848, par *Delattre*, rue Saint-Vulfran, n. 19, à Abbeville (Somme).
(B. du 6 juillet 1847, n. 5930.)

Modes d'assemblage de tubes et tuyaux.

Certif. d'add. pris le 6 janvier 1848, par *Chameroy*, à Paris, rue du Faubourg-Saint-Martin, n. 84.
(B. du 25 octobre 1847, n. 6536.)
Trois autres add. des 17 janvier, 24 novembre et 29 décembre 1848.

**TYPOGRAPHIE.**

(7058. 5 avril 1848.) Découverte pour laquelle le sieur *Hoe* a obtenu, aux Etats-Unis d'Amérique, le 24 juillet 1847, une patente de 14 ans ; ladite découverte relative à des perfectionnements apportés à la presse typographique, et perfectionnements à cette invention par le sieur *Newton*.

B. pris le 24 janvier 1848, par *Hoe* et *Newton*, représentés par *Perpigna*, à Paris, rue Neuve-Saint-Augustin, n. 10.
(Patente américaine de 14 ans, expirant le 24 juillet 1861.)

(7326. 17 août 1848.) Perfectionnements aux procédés employés dans l'impression typographique.

(7468. 7 octobre 1848.) Perfectionnements introduits dans l'imprimerie typographique.

(7490. 7 octobre 1848.) Perfectionnements dans la fabrication de l'encre pour les impressions.

(7538. 18 novembre 1848.) Genre d'imprimerie dit *imprimerie Bouvard*, et applicable aux décors dans le genre étrusque, ainsi qu'aux lettres d'enseignes et d'affiches.

(7585. 16 décembre 1848.) Machine typographique.

(7622. 20 décembre 1848.) Dispositions de machines typographiques continues.

(7824. 7 février 1849.) Fabrication de caractères d'imprimerie par compression.

Système complet de machines propres à l'impression typographique.

B. pris le 24 mai 1848, par *Beniowski*, représenté par *Perpigna*, à Paris, rue Neuve-Saint-Augustin, n. 10.
(Patente anglaise de 14 ans, expirant le 14 octobre 1861.)

B. de 15 ans, pris le 11 août 1848, par *Dumery*, à Paris, rue des Petites-Écuries, n. 41.
Add. du 21 août 1848.

B. de 15 ans, pris le 23 août 1848, par *Pratt*, élisant domicile chez *Merle*, à Paris, rue Vivienne, n. 9.

B. de 15 ans, pris le 15 septembre 1848, par *Bouvard*, peintre décorateur, rue Sainte-Catherine, n. 5, à Sainte-Étienne (Loire).

B. de 15 ans, pris le 7 octobre 1848, par *Gaveaux*, mécanicien, à Paris, rue Traverse, n. 15.

B. de 15 ans, pris le 19 octobre 1848, par *Rohlfs*, fabricant, à Paris, rue Saint-Denis, n. 124.

B. de 15 ans, pris le 26 décembre 1848, par *de Saint-Julle de Colmont* et *Duclour*, imprimeurs-typographes, à Paris, rue Saint-Dominique-Saint-Germain, n. 182.

Certif. d'add. pris le 8 juin 1848, par *Joly*, à Paris, rue de Grenelle-Saint-Honoré, n. 51.
(B. du 15 novembre 1847, n. 6676.)
Autre add. du 15 novembre 1848.

# U

**URINOIR.**

(7035. 29 mars 1848.) Genre d'urinoir.

B. de 15 ans , pris le 14 janvier 1848 , par *Poignaut*, tailleur de pierres, à Paris, rue des Fossés-Saint-Jacques, n. 3.

# V

**VANNERIE.**

(7084. 13 mai 1848.) Application d'une certaine substance à la confection de la vannerie fine et de fantaisie et d'autres objets.

B. de 15 ans , pris le 2 février 1848, par *Badin*, à Paris, rue Fontaine-au-Roi , n. 17.

**VAPEUR** (machine à).

(7009. 29 mars 1848.) Perfectionnements aux machines à vapeur.

B. pris le 15 janvier 1848 , par *Bacon* et *Dixon* , représentés par *Perpigna* , à Paris, rue Neuve-Saint-Augustin, n. 10.
(Patente anglaise de 14 ans , expirant le 19 août 1861.)

(7019. 29 mars 1848.) Système applicable aux machines à vapeur à basse pression et à haute pression.

B. de 15 ans , pris le 15 janvier 1848, par *Delesse* et *Bicheron* , fabricants de produits chimiques, chemin de Saint-Cyr, n. 38, à Vaise (Rhône).

(7053. 5 avril 1848.) Système de pompes servant à la fois à la condensation et à l'alimentation de toute espèce de machines à vapeur.

B. de 15 ans, pris le 24 janvier 1848, par *Gendebien*, chez *du Vaucey*, à Paris, rue d'Amsterdam, n. 29.

(7074. 5 avril 1848.) Moyen de détruire et de prévenir les incrustations dans les générateurs de vapeur.

B. de 15 ans, pris le 27 janvier 1848, par *Saillard*, chimiste, place Louis XVI, au Havre (Seine-Inférieure).

(7141. 13 mai 1848.) Machine à vapeur hélicoïdale dite *système Samuel*.

B. de 15 ans, pris le 27 janvier 1848, par *Samuel*, mécanicien, rue des Pincettes, n. 21, au Havre (Seine-Inférieure).

(7213. 30 juin 1848.) Tuyau d'échappement variable applicable aux machines et bateaux à vapeur.

B. de 15 ans, pris le 17 février 1848, par *Noseda*, chez *Thétard*, à Paris, rue de Buffon, n. 35.

(7248. 3 juillet 1848.) Détente variable applicable aux locomotives et machines à vapeur.

B. de 15 ans, pris le 18 février 1848, par *Mellé*, vieille route de Neuilly, n. 44, aux Thernes (Seine).

(7257. 3 juillet 1848.) Construction des marteaux à vapeur.

B. pris le 1er mars 1848, par *Wilson*, représenté par *Purcell*, à Paris, rue de la Chaussée-d'Antin, n. 24.
(Patente anglaise de 14 ans, expirant le 26 juin 1861.)

(7243. 3 juillet 1848.) Perfectionnements apportés dans la construction des machines à vapeur.

B. de 15 ans, pris le 8 mars 1848, par *Legros*, à Reims, représenté par *Armengaud* aîné, à Paris, rue Saint-Sébastien, n. 19.

(7272. 12 juillet 1848.) Système de machine à vapeur.

B. de 15 ans, pris le 11 mars 1848, par la veuve *Leberrier*, à Paris, rue de Bourgogne, n. 35.

(7296. 8 août 1848.) Perfectionnements apportés à la génération de la vapeur.

B. pris le 27 mars 1848, par *Black*, représenté par *Perpigna*, à Paris, rue Neuve-Saint-Augustin, n. 10.
(Patente anglaise de 14 ans, expirant le 14 février 1862.)
Add. du 5 septembre 1848.

(7266. 12 juillet 1848.) Substitution du gaz ammoniac dissous ou non dissous dans l'eau comme moteur, en remplacement de la vapeur d'eau, dans les machines à vapeur.

B. de 15 ans, pris le 6 avril 1848, par *Faussereau*, rue de la Brasserie, n. 13, à Nantes (Loire-Inférieure).

(7355. 17 août 1848.) Système perfectionné de machine à vapeur rotative.

B. pris le 18 mai 1848, par *Thompson*, représenté par *Perpigna*, à Paris, rue Neuve-Saint-Augustin, n. 10.
(Patente anglaise de 14 ans, expirant le 10 novembre 1861.)

(7380. 18 août 1848.) Perfectionnements dans les machines et appareils à vapeur.

B. de 15 ans, pris le 3 juin 1848, par *Mazeline* frères, représentés par *Armengaud* aîné, à Paris, rue Saint-Sébastien, n. 19.

(7370. 18 août 1848.) Système de soupapes de sûreté.

B. de 15 ans, pris le 15 juin 1848, par *Duperrey*, à Paris, rue du Faubourg-du-Temple, n. 112.

(7422. 2 septembre 1848.) Perfectionnements apportés aux machines à vapeur et à la propulsion.

B. pris le 29 juin 1848, par *Pedder*, représenté par *Thackeray*, à Paris, rue du Faubourg-Saint-Honoré, n. 130.
(Patente anglaise de 14 ans, expirant le 6 novembre 1861.)

(7459. 9 septembre 1848.) Perfectionnements dans les machines destinées à être mues par la vapeur ou autres fluides.

B. pris le 27 juillet 1848, par *Siemens*, représenté par *Truffaut*, à Paris, rue de Grammont, n. 17.
(Patente anglaise de 14 ans, expirant le 22 décembre 1861.)

(7410. 2 septembre 1848.) Système de générateur de vapeur à basse ou à haute pression, avec ventilateur dit *d'aspiration*.

B. de 15 ans, pris le 29 juillet 1848, par *Gugnon-Dosse* et *Gugnon* (*Hippolyte*), place de la République, à Metz (Moselle).

(7520. 7 novembre 1848.) Perfectionnements dans les machines à vapeur applicables soit aux locomotives, soit aux navires, soit aux usines.

B. de 15 ans, pris le 30 août 1848, par *Perroux*, mécanicien, à Paris, rue Saint-Honoré, n. 422.

(7557. 18 novembre 1848.) Perfectionnements dans les machines à vapeur et économie du chauffage.

B. de 15 ans, pris le 15 septembre 1848, par *Noblet*, mécanicien, rue de l'Orillon, n. 34, à Belleville (Seine).

(7607. 20 décembre 1848.) Piston donnant du serrage aux segments par un mouvement circulaire, soit à droite, soit à gauche, avec l'avantage de ne démonter aucun joint, sinon un tampon fileté appliqué au couvercle du cylindre.

B. de 15 ans, pris le 21 octobre 1848, par *Guilbert*, mécanicien, faubourg Bannier, n. 37, à Orléans (Loiret).

(7664. 30 décembre 1848.) Système d'application de deux excentriques aux locomotives ou autres machines à vapeur, pour marcher en avant ou en arrière.

B. de 15 ans, pris le 14 novembre 1848, par *Batès*, mécanicien, à Sotteville-lès-Rouen (Seine-Inférieure).

(7668. 30 décembre 1848.) Modification dans les machines à vapeur et autres, ayant pour but de doubler la vitesse d'une roue mue par une machine à vapeur sans changer la vitesse de piston.

B. de 15 ans, pris le 14 novembre 1848, par *Charnez*, professeur au lycée de Metz (Moselle), place Sainte-Croix, n. 5.

(7713. 16 janvier 1849.) Système de tiroir pour distribuer la vapeur dans les cylindres des machines à vapeur.

B. de 15 ans, pris le 18 novembre 1848, par *Edwards*, chez *Perpigna*, à Paris, rue Neuve-Saint-Augustin, n. 10.

(7785. 30 janvier 1849.) Perfectionnements dans les machines à vapeur.

B. de 15 ans, pris le 19 décembre 1848, par *Hansen*, représenté par *Truffaut*, à Paris, rue de Grammont, n. 17.

(7820. 7 février 1849.) Machine à vapeur rotative et rétrograde avec pression et à détente.

B. de 15 ans, pris le 29 décembre 1848, par *Ménetrier*, à Dole (Jura).

(7811. 7 février 1849.) Perfectionnements dans les appareils à vapeur applicables aux machines fixes comme aux locomotives et aux bateaux.

B. de 15 ans, pris le 30 décembre 1848, par *Bourdon*, mécanicien, rue du Faubourg-du-Temple, n. 74.

Dispositions de machines à vapeur.

Certif. d'add. pris le 30 mars 1848, par *Le Gavrian* et *Farinaux*, représentés par *Armengaud* aîné, à Paris, rue Saint-Sébastien, n. 19.
(B. pris le 6 mai 1846, n. 3469.)

Appareil *caloridure aérifère* condensateur et réfrigérant.

Certif. d'add. pris le 19 février 1848, par *Pimont*, place des Carmes, n. 31, à Rouen (Seine-Inférieure).
(B. du 25 juillet 1846, n. 3981.)

Système à vapeur dit *machine à courbine*, avec bras ou clapets et pompe alimentaire.

Certif. d'add. pris le 28 janvier 1848, par *Courbon*, élisant domicile chez *Courbon* frères, à Lyon, rue Saint-Pierre, n. 4 (Rhône).
(B. pris, le 18 février 1847, avec *Mathis*, n. 5077.)

Générateur économique inexplosible, etc.

Certif. d'add. pris le 18 février 1848, par le sieur et la dame *Galy-Cazalat*, à Paris, rue Charlot, n. 14.
(B. du 19 juillet 1847, n. 6002.)

Perfectionnements dans les machines à vapeur.

Certif. d'add. pris le 3 octobre 1848, par *Rémond*, à Birmingham, représenté par *Armengaud* aîné, à Paris, rue Saint-Sébastien, n. 19.
(B. du 8 octobre 1845, n. 6505.)
Autre add. du 14 novembre 1848.

**VASE.**

(7174. 2 juin 1848.) Application dite *proprette*, faite aux burettes et carafes ordinaires.

B. de 15 ans, pris le 9 février 1848, par *Morize* et *Vatard*, à Paris, rue de Vannes, n. 6.

**VELOURS.**

(7276. 12 juillet 1848.) Moyen de fabriquer le velours à dessin, à libre palette, etc., etc., dit *velours à lanières*.

B. de 15 ans, pris le 20 mars 1848, par *Milhaud*, à Nîmes (Gard).

Fabrication des velours par effet de trame.

Certif. d'add. pris le 13 avril 1848, par *Flaissier* frères, à Nîmes (Gard).
(B. délivré, le 31 mai 1843, à *Milhaud*, n. 15260.)

Machine à parer le velours.

Certif. d'add. pris le 5 septembre 1848, par la veuve *Cuzin*, rue des Capucins, n. 17, à Lyon (Rhône).
(B. du 8 septembre 1846, n. 4205.)

**VENTILATION.**

(7317. 8 août 1848.) Système de ventilation.

B. de 15 ans, pris le 17 avril 1848, par *Merle*, à Paris, rue Vivienne, n. 18.

Appareil préservatif de la fumée.

Certif. d'add. pris le 3 janvier 1848, par *Tuck*, à Paris, rue Neuve-des-Capucines, n. 11 *bis*.
(B. du 8 janvier 1847, n. 4871.)

**VER A SOIE.**

(7379. 18 août 1848.) Appareil destiné à placer les vers à soie dans de meilleures conditions hygiéniques.

B. de 15 ans, pris le 9 juin 1848, par *de Lubac*, à Etoile (Drôme).

**VERNIS.**

(7078. 5 avril 1848.) Vernis à l'usage des chapeliers dit *vernis Ibéria.*

B. de 15 ans, pris le 22 janvier 1848, par *Vila de Macabeo*, rue de la Préfecture, n. 2, à Perpignan (Pyrénées-Orientales).

(7200. 30 juin 1848.) Composition de vernis résistant au feu, et son application à divers ustensiles de ménage.

B. de 15 ans, pris le 18 février 1848, par *Japy* frères, à Paris, rue du Temple, 108.

**VERRE ET VERRERIE.**

(7069. 5 avril 1848.) Perfectionnements dans la fabrication des verres pour lampes.

B. pris le 17 janvier 1848, par *Miller*, représenté par *Truffaut*, à Paris, rue Favart, n. 8.
(Patente anglaise de 14 ans, expirant le 3 juillet 1861.)

(7089. 13 mai 1848.) Perfectionnements dans la fabrication des plaques, feuilles ou vitres en verre.

B. pris le 29 janvier 1848, par *Bessemer*, représenté par *Truffaut*, à Paris, rue Favart, n. 8.
(Patente anglaise de 14 ans, expirant le 17 juillet 1861.)

(7102. 13 mai 1848.) Système de fourche à porter le verre dite *fourche à dresser.*

B. de 15 ans, pris le 2 février 1848, par *Drapier* et *Houtard*, représentés par *Armengaud* jeune, à Paris, rue des Filles-du-Calvaire, n. 6.

(7204. 30 juin 1848.) Perfectionnements dans les fours à étendre le verre.

B. de 15 ans , pris le 21 février 1848 , par *Lanoir* et comp. , à Rive-de-Gier (Loire).

(7373. 18 août 1848.) Groupe de fours de verrerie à fusion et travail simultanés.

B. de 15 ans, pris le 10 juin 1848, par *Godard* , chez *Berchu* , à Paris, rue Bleue, n 14.
Add. du 29 juillet 1848.

(7570. 16 décembre 1848.) Perfectionnements dans la fabrication du verre.

B. pris le 4 octobre 1848, par *Bessemer*, de Londres, représenté par *Truffaut*, à Paris, rue de Grammont, n. 7.
( Patente anglaise de 14 ans , expirant le 22 mars 1862.)

(7809. 7 février 1849.) Perfectionnements relatifs à certaines opérations qui se rattachent à la fabrication du verre.

B. pris le 26 décembre 1848 , par *Bessemer* , de Londres , représenté par *Truffaut*, à Paris , rue de Grammont , n. 17.
( Patente anglaise de 14 ans , expirant le 22 mars 1862.)

**VERRE** (nettoyage du).

( 7106. 13 mai 1848.) Eau dite *régénérateur des glaces*, pour le nettoyage de toute espèce de verre.

B. de 15 ans, pris le 31 janvier 1848, par *Godin*, fabricant de billards, rue Saint-Romain, n. 78, et *Hunost*, coiffeur, rue Saint-Nicolas, n. 75, à Rouen (Seine-Inférieure).

**VIDANGE, *v*. DÉSINFECTION, FOSSE D'AISANCES.**

**VIN.**

(7675. 30 décembre 1848.) Appareil applicable au traitement du vin et de la bière pendant leur fermentation , appareil dit *préservateur*.

B. de 15 ans, pris le 13 novembre 1848, par *Gonin*, à Charnay (Saône-et-Loire).

**VOITURE , *v*. CHEMIN DE FER, ENRAYAGE, LOCOMOTEUR, PROPULSION, VAPEUR** (machine à).

(7027. 29 mars 1848.) Perfectionnements dans divers appareils des voitures et machines employées sur les chemins de fer.

B. pris le 11 janvier 1848 , par *Lane* , représenté par *Truffaut*, à Paris, rue Favart, n. 7.
( Patente anglaise de 14 ans, expirant le 15 juin 1861.)

(7037. 29 mars 1848.) Mécanique servant à faire rouler toutes sortes de voitures.

B. de 15 ans, pris le 17 janvier 1848, par *Reinhard*, à Ribeauvillé (Haut-Rhin).

(7169. 2 juin 1848.) Marchepied de voiture dit *marchepied invisible.*

B. de 15 ans, pris le 12 février 1848, par *Ladague*, chez *Boucher*, à Paris, rue Neuve-Coquenard, n. 8.

(7284. 12 juillet 1848.) Perfectionnements apportés à un procédé applicable à la suspension des voitures.

B. de 15 ans, pris le 16 mars 1847, par *Sorlin*, à Bauteux (Nord).
Add. du 8 décembre 1848.

(7335. 17 août 1848.) Perfectionnements dans la construction des waggons, voitures de chemins de fer et autres.

B. pris le 9 mai 1848, par *Evans*, de Londres, représenté par *Monvignier*, à Paris, rue de la Verrerie, n. 7.
(Patente anglaise de 14 ans, expirant le 28 octobre 1861.)

(7367. 18 août 1848.) Voiture mécanique.

B. de 15 ans pris le 20 juin 1848, par *Debain*, à Paris, rue Vivienne, n. 53.

(7438. 9 septembre 1848.) Perfectionnements dans la fabrication des roues et essieux pour les équipages des chemins de fer, dans des mécanismes ou appareils destinés à placer les voitures sur une ligne de rails, à les mouvoir et à les tourner.

B. pris le 27 juillet 1848, par *Dunn*, représenté par *Truffaut*, rue de Gramont, n. 17.
(Patente anglaise de 14 ans, expirant le 2 novembre 1861.)

(7458. 9 septembre 1848.) Améliorations dans la construction des voitures pour le service des chemins de fer.

B. pris le 12 août 1848, par *Seegers*, élisant domicile chez *Lecomte*, principal du collège de Turcoing (Nord).
(Patente anglaise de 14 ans, expirant le 8 mars 1862.)

(7547. 18 novembre 1848.) Système de voiture à quatre roues qui permet d'en former, à volonté, un cabriolet ou un tilbury.

B. de 15 ans, pris le 15 septembre 1848, par *Hayot-Heudiard*, carrossier, représenté par *le Blanc*, à Paris, rue Sainte-Appoline, n. 2.

(7606. 20 décembre 1848.) Perfectionnements dans la fabrication des roues employées sur les chemins de fer.

B. pris le 17 octobre 1848 , par *Green*, de Birmingham, représenté par *Truffaut*, à Paris, rue de Grammont, n. 17.
( Patente anglaise de 14 ans, expirant le 15 avril 1862.)

(7677. 30 décembre 1848.) Char tricycle ou cheval mécanique.

B. de 15 ans, pris le 10 novembre 1848, par *Gras*, mécanicien , et *Théus*, négociant, le premier rue Neuve-Saint-Martin, n. 15, et le second , rue du Baignoir , n. 28, à Marseille (Bouches-du-Rhône).

(7686. 30 décembre 1848.) Appareil de sûreté pour les voitures dit *tuteur du limonier*.

B. de 15 ans, pris le 16 novembre 1848, par *Mignard*, mécanicien, boulevard du Combat , n. 28 , à Belleville (Seine).

(7712. 16 janvier 1849.) Système à appliquer aux voitures suspendues, afin de les empêcher de verser.

B. de 15 ans , pris le 25 novembre 1848, par *Dupré*, horloger, Grande Rue, à Sablé (Sarthe).

(7738. 24 janvier 1849.) *Hypomécane*, appareil mécanique en fer destiné à remplacer la force de plusieurs chevaux attelés à une voiture.

B. de 15 ans, pris le 5 décembre 1848, par *Benet* , *Reynaud* et *Lowairo* , place Porte-de-Rome , n. 4, à Marseille (Bouches-du-Rhône).

(7790. 30 janvier 1849.) Perfectionnements dans la construction des voitures de chemins de fer et autres.

B. pris le 22 décembre 1848, par *Mansell*, représenté par *Merle*, à Paris , rue Vivienne, n. 18.
( Patente anglaise de 14 ans , expirant le 1er juin 1862.)

Appareil destiné à détacher les voitures en cas de déraillement sur les chemins de fer.

Certif. d'add. pris le 12 janvier 1848, par *Delebecque* et *Servais* , à Lille (Nord).
( B. du 14 janvier 1847, n. 4836.)

Galerie mobile et inversable pour l'impériale des voitures.

Certif. d'add. pris le 15 juillet 1848, par *Robiquet* , à Paris , rue Tiquetonne, n. 14.
(B. du 15 avril 1847 , n. 5470.)

# Z

**ZINC.**

(7097. 13 mai 1848.) Procédés propres à extraire plus économiquement le zinc des minerais qui le contiennent.

B. de 15 ans, pris le 27 janvier 1848, par *Chevremont*, ingénieur en chef des mines, en Belgique, élisant domicile chez *Jodot*, à Paris, rue du Faubourg-Saint-Denis, n. 173.

# TABLE ALPHABÉTIQUE

## DES BREVETÉS.

# A

# B

# C

# D

# E



# F

G

# H

# I

Imbert.
  *Hydraulique*, 71.

# J

# K



# L

# M

# N

# O



# P

# Q

# R

# S

# T

# V

# W



# Y

# Z



FIN DE LA TABLE.